不累心的生活
——极简解压

东京智囊团　著

赵令君　译

四川科学技术出版社

图书在版编目（CIP）数据

不累心的生活：极简解压 / 东京智囊团著；赵令
君译.-- 成都：四川科学技术出版社，2023.3
ISBN 978-7-5727-0910-4

Ⅰ．①不… Ⅱ．①东…②赵… Ⅲ．①心理压力—心
理调节–通俗读物 Ⅳ．①B842.6-49

中国国家版本馆CIP数据核字（2023）第040814号

著作权合同登记图进字21-2-21-476号

不累心的生活——极简解压

BU LEIXIN DE SHENGHUO——JIJIAN JIEYA

著　　者	东京智囊团
译　　者	赵令君
出 品 人	程佳月
责 任 编 辑	刘　娟
助 理 编 辑	王星懿　翟博洋
责 任 校 对	罗　丽
封 面 设 计	李彦生
责 任 出 版	欧晓春
出 版 发 行	四川科学技术出版社
	地址　成都市锦江区三色路238号　邮政编码　610023
	官方微博　http://weibo.com/sckjcbs
	官方微信公众号　sckjcbs
	传真　028-86361756
成 品 尺 寸	125mm × 185mm
印　　张	9.875
字　　数	197.5千
印　　刷	四川华龙印务有限公司
版　　次	2023年6月第1版
印　　次	2023年6月第1次印刷
定　　价	58.00元

ISBN 978-7-5727-0910-4

邮　　购：成都市锦江区三色路238号新华之星A座25层　邮政编码：610023
电　　话：028-86361770

■ 版权所有　翻印必究 ■

目 录

第1章

有害？必需？
压力的真面目究竟是什么？

经常说却又不被了解，所谓的"压力"到底是什么呢？‥3

存在让人积极应对的压力吗？有，那就是抗争型压力‥‥‥7

激活身体各系统！

为了生存而进化的"应激反应"‥‥‥‥‥‥‥‥‥‥9

一不留神就可能会死？

侵害人们的"夺命压力"是什么？‥‥‥‥‥‥‥‥‥11

因人而异，大不相同！

压力大小和应激反应存在个体差异‥‥‥‥‥‥‥‥‥15

辞职了就会幸福吗？"无压力"＝"好事"吗？

答案并非如此‥‥‥‥‥‥‥‥‥‥‥‥‥‥‥‥‥17

如何改变现状？试试相信"压力有用"‥‥‥‥‥‥‥19

影响压力激素的分泌！"深信不疑"的神奇力量‥‥‥‥21

一个念头就能让人生变得快乐？

"心态效应"的厉害之处 ················· 23

其实也有"好的压力"，"压力 = 危害"一说是从哪里

来的？ ···························· 25

在幼儿期，大脑若能适应压力，就可以提高行动力、激发

好奇心 ···························· 27

压力越大越容易幸福、满足？

压力指数与社会生活的悖论 ················· 29

无聊的时候心脏病发作风险翻倍！

无惧压力，促进健康需要它 ················· 31

不要"逃避"压力！什么是"抗压能力强"？ ········ 33

不要试图抵抗压力！

直面并接受它，它就会成为力量的源泉 ·········· 35

越是感到压力，越不要放松，要让压力对自己有帮助··· 37

回避压力只会越来越焦虑！利用大脑，克服焦虑 ······· 39

理想的挑战反应是怎样产生的呢？

教你一个马上就能做到的技巧 ················ 41

逆境经历较少的人幸福感低，唯有战胜考验，才能变强··43

有压力也能让心情安定！指挥压力激素的物质 ······· 45

第2章

调节自主神经，提高免疫力！

头晕、发冷、困倦……

身体不适可能是自主神经功能失调导致的 ················· 51

机体健康深受自主神经的影响！ ················· 55

调节自主神经可改善肠内环境和提高免疫力 ················· 57

刺激副交感神经的腹式呼吸，能够放松身心，提高免

疫力 ················· 59

体温下降，免疫力也会降低，审视生活习惯，让自己温暖

地生活 ················· 61

在热水中泡个澡能够刺激副交感神经，提高免疫力！ ···· 65

达到最佳睡眠时长能够调节自主神经，嗜睡会导致免疫力

低下 ················· 67

实现了控制自主神经的可能！

"熟睡呼吸法"有助于自然入眠 ················· 69

枕头不合适会扰乱自主神经？

换个合适的枕头，让疲劳的颈部好好休息一下 ················· 71

早起早睡有助于改善自主神经功能失调和抑郁症 ········· 73

随时随地都能进行的"卷舌呼吸法"·············· 75

气压不同，身体状况和心情也会发生变化 ·············· 77

为什么女性更易出现自主神经功能失调 ·············· 79

第3章

提高效率！职场压力应对法

工作压力主要来自"人际关系"，处理不好会变得更加

棘手 ·············· 85

通过"改变音量"和"自动翻译"，来克服工作压力 ··· 87

对方若是不讲理，可以设身处地转变思维 ·············· 89

顺从的态度可能会让人越来越生气？

学习一下待人接物的"套路" ·············· 91

提前在大脑中召开"战略会议"，有助于构建理想的人际

关系 ·············· 93

电子时代，更要提倡手写！

手写能锻炼大脑，减少压力 ·············· 95

多想一些解决问题的办法，快速缓解压力吧！ ·············· 97

调整好姿势，心态也会随之改变？

立马就能做到的心态改变 ·············· 99

久坐增加死亡风险，工作当中也要定期起来走一走 ····· 103

心绪不宁的时候可以打扫房间，使压力瞬间清零 ········ 105

通过转动眼球让大脑不再感到疲劳 ··········· 107

怯懦会产生压力激素，

通过"打气姿势"改变自己吧！ ·········· 109

转变想法来缓解"不眠不休的压力"，"工作狂"的休

息法 ·············· 111

陷入消极情绪无法自拔的时候，做做运动就能解决 ····· 113

想要成为更好的自己，可以模仿崇敬的对象 ········· 115

遇到上司职场霸凌自己该怎么办？

忍无可忍的时候可以把对话记录下来 ··········· 117

压力超过自己的容量时，要格外注意适应障碍和抑郁症·119

被下属的言行左右，觉得难以调遣的时候可以保持距离·121

比普通员工压力还要大？

为守护自己的初心，中间管理层必备的特质 ········· 123

先解决问题，而不是归责！

转变思维方式，将失败作为成功之母 ········· 125

通过改变动力的存储方式，将所有压力转变成快乐 ····· 127

如何对待自己的工作才能增加幸福指数 ········· 131

第4章

掌控压力的生活习惯

你的生活习惯真的没问题吗?

有些生活习惯会让你产生压力甚至生病! ················· 135

让备受世界瞩目的正念冥想训练走进日常生活 ·········· 139

"早起的鸟儿有虫吃"此言不虚,沐浴着晨光促进 5– 羟色胺的释放 ················· 143

这样的生活方式无法促进 5- 羟色胺释放！

要努力汲取阳光 ………………………………… 145

除了阳光，节律运动也能够促进 5- 羟色胺释放！ …… 147

散步是节律运动之王，能促使 5- 羟色胺大量分泌！ … 149

在与人或动物亲肤接触，能促进 5- 羟色胺的释放 …… 151

通过肌肤接触排解育儿压力！重视家人之间的交流 … 153

仅仅是触摸，就拥有减少压力的效果，接触双方都能被

治愈 ……………………………………………… 155

只需要听音乐就能放松、减轻压力？

对大脑有益、可缓解压力的音乐是什么样的呢？ …… 157

按摩不能消除疲劳？试着将自己的疲劳数值化 …… 159

有意识地觉察身体的中心！用想象进行身心调整 …… 161

借助照片、视频和音乐，让自己恢复元气，充满能量！ ·· 163

正确利用消极情绪，消极也能变得积极起来 ………… 165

"哭一场就好了"并不是错觉！

流泪有助于缓解身心压力 ……………………… 167

为了有效缓解压力，只流泪是不行的，哭泣的方法也很

重要 ……………………………………………… 171

"哭"和"笑"哪一个更能带来幸福感呢？ ………… 173

第5章

将当天压力清零的睡眠术

为什么不睡不行呢?

人类和睡眠的关系是什么? ·················· 177

短时间睡眠会降低效率,理想的睡眠时间是多少呢? ··179

通过恰当的睡眠缓解压力,灵活使用 5- 羟色胺的效果··183

睡前饮酒会让睡眠变浅?

为了舒适睡眠,睡前不应喝的饮品 ·············· 187

严禁晚上过度看手机,蓝光会影响睡眠 ·············· 189

周末赖床能补觉?

不能,会导致社会性时差 ·············· 191

多睡觉的孩子长得快?

睡眠时间与新陈代谢、生长激素的关系 ·············· 193

通过体温变化帮助入眠,运动和泡澡都是高效入眠的

秘方 ·············· 195

从起床时间倒推必须要睡觉的时间?

睡不着时压力会增加 ·············· 197

晚上失眠的时候,试一试这些方法 ·············· 199

边睡边按效果显著,有助于睡好觉的穴位及其按压

方法 ·············· 201

睡眠障碍有三种类型!

要针对不同的类型采取恰当的对策·····················205

"睡了又睡,还是无法消解疲劳",极有可能是因为睡觉

的时候呼吸暂停了·····································207

尽量使体内的两个"时钟"正常工作,

醒来时才能身心舒畅·································209

第6章

战胜压力,强大内心的饮食习惯

营养不良可导致疲劳和压力,不可或缺的营养素是

这些···213

养成有益身心、增加5-羟色胺的饮食习惯,从身体内部预

防压力的产生·······································217

不会带来压力的膳食法,"一日14个种类法"实现均衡

膳食···219

如何通过控制血糖来保持好状态·················223

太阳、蛋白质、糖,早上从这三个"ta"开始吧·······225

下午的状态取决于午餐！

通过低血糖指数饮食来控制血糖 ················· 227

细嚼慢咽可以有效促进 5- 羟色胺的分泌 ········· 229

让压力瞬间消失的行为，从今天开始要放弃的错误饮食

习惯 ················· 231

检查便利店食物的营养成分，选择不会降低大脑运转效率

的食物 ················· 233

食用莴苣后会发困？

与褪黑素具有相同功效的成分还有哪些？ ········· 235

体寒容易变老、生病，就用生姜和味噌驱寒保暖吧 ····· 237

黑芝麻雪花菜竟然还可以调节激素平衡，解决女性的

烦恼 ················· 239

针对男性的烦恼，可用山药和香芹来解决 ········· 241

30 岁左右就开始吃这个！

能够解决男性烦恼的海藻米糠食品 ············· 243

女性迎来更年期的时候就吃这个！

摄入大豆异黄酮，无惧年龄增长 ··············· 245

激活大脑神经系统、放松心情的 γ 氨基丁酸 ········· 247

钙能够调节激素的分泌，维持血液中的钙含量可以永葆

青春？ ················· 249

"卡路里"含量为 0，也会导致长胖？

人工甜味剂的危害是什么？ ················· 251

坐在办公室也会出现脱水症状?

水是最容易缺乏的营养素 ···················· 253

第7章

调整身心使人生无压力!

姿势和呼吸是"不疲劳大脑"的根本,学习冥想,掌握"万能"的力量 ···················· 259

熟练使用集中冥想和观察冥想,养成无论什么时候都能集中注意力的大脑 ···················· 261

在运动界、职场甚至医疗领域都备受瞩目的精神训练法··263

对现在的自己进行审视,不用想其他多余的事情就能够解决问题 ···················· 267

心绪不宁的时候呼吸也会混乱,试试这种呼吸法 ········ 269

坐禅有助于释放 5– 羟色胺···················· 271

初学者也能马上做到!

以促进 5– 羟色胺分泌为目的的坐禅方法 ············ 273

在女性中流行的瑜伽,对于促进 5– 羟色胺分泌也具有非常出色的效果 ···················· 277

坐着就能改善体寒！在办公室也能做的"坐着踢脚"··281

消除水肿、改善血液循环的"腘窝揉捏法"·············283

让人不再苦恼于眩晕和耳鸣，相扑中的"四股"具有意想
不到的效果 ·································285

雄激素能够让男人找回自信，"慢深蹲"的强大功效··287

捋一捋就能够提高免疫力，改善体寒，刺激"第二大脑"——
手指的好处 ·································289

仅靠揉搓就能排便顺畅？有助于缓解便秘的"搓背"··291

通过"圆形按摩"改善便秘，恢复肠道原有的功能·····293

刺激被称为"全身的缩影"的耳朵上的穴位，能够治疗多
种疾病 ·····································295

在上厕所时按压这些穴位能够迅速地排便·············299

第1章

压力明明是身边常见的问题，却没有明确的定义。

有害？必需？
压力的真面目究竟是什么？

　　实际上，当被问到压力是什么时，很少有人能准确回答，压力的本质很难被"捕捉"到。

压力

对待烦恼不应拖延或逃避，而应该将其视为解决问题的动力。这是将烦恼变成"有效压力"及成长"粮食"的唯一方法。

——脑科学家、医生　柿木隆介

经常说却又不被了解，所谓的"压力"到底是什么呢？

关键点： 压力的构成要素和传递途径

怎样理解抽象的"压力"呢？

日常对话当中经常能够听到"压力"一词，比如"无法忍受工作的压力""一看到领导的脸就会有压力"等。但是对于"压力的本质是什么？"这个问题，相信很多人都无法很好地用语言回答。压力是看不见摸不着的，是一个抽象的概念。

关于压力的各种研究结果表明，压力的构成要素主要有以下3点。

①紧张性刺激——外界施加于心理的刺激。

②压力产生的结果——心理因此而受到的影响。

③应激反应——心理想要恢复原状的行为。

三者的关系经常被比作橡皮球。把身心当作球，从外部施加到球上的力量就是紧张性刺激，球受到影响而干瘪凹陷就是压力产生的结果。为了避免外力的不断施加而导致球破裂，球会试图恢复原样，此时起作用的就是应激反应。

虽然是相同的紧张性刺激，每个人的感受却不相同，体质、心理和生活习惯等都会对压力的形成和表现产生巨大影响。

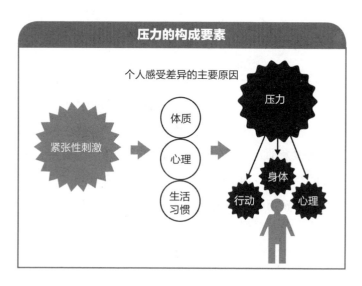

压力的构成要素

个人感受差异的主要原因

紧张性刺激 → 体质 / 心理 / 生活习惯 → 压力

身体

行动 / 心理

 健康笔记

任何人都有过压力

近20年，"压力"一词不断渗透到人们生活当中。相信不论是谁都有过急躁、消沉、担忧等状态，并能够理解这些造成"压力不断增长"的心理状态。

压力分为生理压力和心理压力

压力有生理压力和心理压力两种。两者都能够对身体产生影响。

生理压力是指身体承受负担而产生的压力。比如受伤和疾病、炎热、寒冷、黑暗等都会使人产生生理压力。坐地铁通勤因拥挤感受到的压力也属于这种类型，对于这一点应该很多人都会拍大腿表示赞同。

心理压力是心理受到刺激而产生的压力，即人们常说的那种"压力"。比如亲人、配偶等亲近的人受重伤、患重病甚至去世，或自己被公司解雇等产生的影响。这样的人生大事（日常生活里的特殊事件）发生后，人们为了适应，就会产生心理压力。

有研究人员详细研究了一些人生大事，他们把配偶去世这一事件的压力分数设为100分，让被调查者基于此给其他人生大事打分，并调查了每个事件产生的压力。调查结果显示，离婚得分为73分，被解雇得分为47分。有趣的是，结婚、怀孕、取得优秀业绩也被当作心理压力。

即使在大众认知里是积极的变化，人的心理也需要花费时间来适应，意识到这一点有助于人们更好地理解压力的本质。

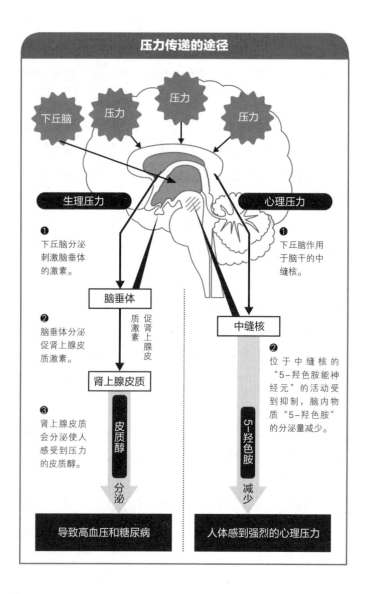

压力传递的途径

下丘脑　压力　压力　压力

生理压力　　　　　　　　心理压力

❶
下丘脑分泌
刺激脑垂体
的激素。

❶
下丘脑作用
于脑干的中
缝核。

脑垂体

促肾上腺皮
质激素

❷
脑垂体分泌
促肾上腺皮
质激素。

中缝核

❷
位于中缝核的
"5-羟色胺能神
经元"的活动受
到抑制，脑内物
质"5-羟色胺"
的分泌量减少。

肾上腺皮质

❸
肾上腺皮质
会分泌使人
感受到压力
的皮质醇。

皮质醇

分泌

5-羟色胺

减少

导致高血压和糖尿病

人体感到强烈的心理压力

存在让人积极应对的压力吗?
有，那就是抗争型压力

关键点： **两种压力**

人可通过策略改变受压力影响的程度

从"如何对抗压力"的角度出发，压力大致可以分为"抗争型压力"和"忍耐型压力"。

抗争型压力是一种可以让人们为了摆脱压力而积极采取应对策略的压力类型，比如暑假作业、业绩指标等带来的压力。

忍耐型压力是一种让人们倾向于回避、一味忍耐的压力类型，比如他人的刁难、隔壁的噪声干扰带来的压力都是比较典型的此类压力。

无论哪种压力都能引起应激反应，但在抗争型压力的影响下，人们更倾向于积极采取应对措施。此时，体内交感神经被激活，血压上升，一系列身体上的应激反应变强，而不会产生较强的心理压力。面对忍耐型压力的时候，焦虑和情绪低落等心理应激反应则会变强。

两种压力

业绩指标

隔壁的噪声

暑假作业

他人的刁难

抗争型压力　　　　　　忍耐型压力

 健康笔记

贪欲、憎恨、愚痴——三种典型的"有毒"压力源

有这样一种说法，人的内心会因"贪、嗔、痴"这"三毒"而充满压力。其中贪是贪欲，嗔是憎恨，痴是愚痴。清除这三种杂念可以更好地了解自己，也更容易应对压力。

激活身体各系统！
为了生存而进化的"应激反应"

关键点： **应激反应**

直面困境，加强和同伴的团结

感到压力的时候，身心想要恢复原状而出现的反应叫作"应激反应"。1915年，美国生理学家沃尔特·坎农提出"战斗或逃跑反应"的概念。该理论是指，一方面，动物在感到危险的时候体内会分泌肾上腺素，激活交感神经，从而导致心率加快、肌肉紧张，能够快速地采取行动；另一方面，消化功能等此时并不需要的功能会减弱或停止。这种高效利用能量使身体调整到战斗状态的模式就是应激反应，几乎所有的动物都是因为具备这项能力才得以生存。

经过长时间的发展，人的应激反应不断进化以适应生活。人一旦产生应激反应，身体的各个系统就会被激活，心血管系统发生变化，内分泌系统的激素分泌水平随具体情况而变，体表特征也会发生改变；于是，将在心理层面和社会行为层面做出不同的反应。面对不同状况，不仅会有战斗或逃跑反应，还会引发从经历中积极学习的"挑战反应"，以及为他人着想、增进人际关系的"照料和结盟反应"等。

人类为了生存而进化出的"应激反应"

应激反应即为应对险境而激活身体各个系统的一种反应。

心血管系统变化

内分泌系统激素分泌水平变化

体表特征改变

 健康笔记

人尽其才，物尽其用的"挑战反应"

即使没有危险，但只要感到压力就可能出现"挑战反应"——肾上腺素分泌增加，变得专注又自信，从而感觉不到恐惧。进入"心流状态"，全神贯注于自己手头上事情的人皆会如此。

一不留神就可能会死?
侵害人们的"夺命压力"是什么?

多重压力堆积会引发细胞层面的疾病

现代社会被称为压力型社会，无论男女老少，或多或少都会有各种压力。更糟的是，有一种压力会从细胞层面不断侵害身体最终导致机体死亡，这种压力叫作"夺命压力"。

虽说是夺命压力，但并没有特定的致死因素。即使每种压力都没有那么严重，但如果身体无法承受压力堆积带来的痛苦而引发重病，这些压力就可被统称为夺命压力。感到夺命压力的时候，肾上腺皮质会分泌压力激素——皮质醇，从而导致心跳加快；交感神经兴奋，促使血压上升，容易引发血栓、出血等症状。如果在大动脉或大脑中出现这种情况，处理不当还有可能导致死亡。

感到压力时，肾上腺皮质会分泌皮质醇，皮质醇超过一定的量时将破坏大脑中的海马体。实验发现，压力会使小白鼠脑中海马体神经细胞的突起不断减少。科学研究表明，海马体与记忆和情感相关，患上抑郁症时海

夺命压力

马体体积会变小。

　　被分配超标的工作量，碰见无名发火的顾客、在地铁里挤得筋疲力尽、回到家还要面对家人的喋喋不休，这些情况都会增加皮质醇的分泌，导致压力的产生。多重压力堆积，如果再遭遇至亲去世、不正当降职这样的重大不幸，谁都有可能承受不住而突然死亡。

压力并非百害而无一利，不过要就其程度而论

在日本人的三大死因当中，排名第一的是癌症（恶性肿瘤），第二是心脏病发作（心血管疾病），第三是脑卒中（脑血管疾病）。据说这些死因都与夺命压力有关。越来越多的研究表示，部分癌症的发生与压力具有明显因果关系。

工作调动带来的环境变化、长时间劳动、苛刻的工作内容、离婚等多种危险因素叠加极有可能会带来夺命压力。据调查，平均每件因压力过大而自杀的案例当中存在3.9个危险因素。

在人生当中，不管是工作不顺、婚姻不幸等令人不愉快的事，还是结婚和升职等通常被认为是喜事的事，当这些事伴随着巨大的环境变化时，要尽量使自己慢慢地适应，一定要有意识地保护自己。如果没有这种意识，等到多种危险因素叠加在一起成为夺命压力，而严重威胁性命时，可能就为时已晚了。

特别需要注意的是，在人们感觉压力较大、对人生的满意度较低的情况下，夺命压力的危险性会增高。但同时，感受不到一丁点儿压力的人也并不健康，其对人生的满意度也会降低。我们无法完全消除导致各种疾病的压力，即使能够做到，也不意味着会永远幸福。既然这样，

那么与压力和睦相处，以期实现更好的成长与发展也不失为一个好方法。

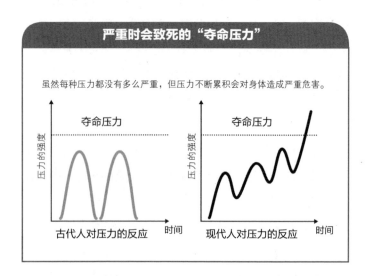

严重时会致死的"夺命压力"

虽然每种压力都没有多么严重，但压力不断累积会对身体造成严重危害。

夺命压力

压力的强度

古代人对压力的反应　时间

夺命压力

压力的强度

现代人对压力的反应　时间

 健康笔记

伤身的夺命压力

夺命压力曾在日本电视台特别节目中被提及并成为热门话题。虽然如何与压力和睦相处经常被提及，但当压力过大可能导致猝死时，也不能总说要与压力和解，学会如何缓解压力也是很重要的。

因人而异，大不相同！
压力大小和应激反应存在个体差异

关键点： 抗压能力

压力因环境、性格不同而变

即使在同样的高压环境中，不同的人感受到的压力也不同。对不同的人来说，压力不同不仅是因为环境不同，也因为各自对事物的接受方式和理解方法不同。也就是说，不同性格和应对能力的人所感受的压力和会产生的反应也不尽相同。压力的强度是"环境"与"性格倾向和应对能力"的结合。十个人就有十种不同的接受和应对压力的方法，感受到的压力当然不同。

感受到压力时，人们的反应可以分为4类。例如，当面对上司的无名怒火时，不同的人会有以下不同的心理活动和反应。

①"糟糕……已经不行了"→情绪反应型。不安感和焦躁感增强，容易陷入抑郁状态。

②"注意力无法集中……"→认知反应型。容易引起注意力低下、记忆障碍、知觉障碍。

③"喝酒能够消愁！"→采取行动反应型。借喝酒来逃避，结果经常迟到或缺勤。

④"呜呜……胃好痛啊……"→生理反应型。容易引起头痛，肩酸，循环系统、消化系统功能紊乱，自主神经功能失调等。

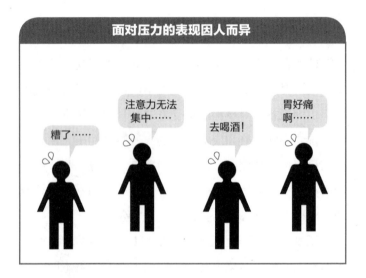

面对压力的表现因人而异

糟了……

注意力无法集中……

去喝酒！

胃好痛啊……

健康笔记

内心强大的人采用自己独特的方式去应对压力！

即便是在竞争激烈的严酷环境中，也有人能取得不错的成果，他们拥有独特的保持精神健康的方法——对事物保持积极的态度。

辞职了就会幸福吗？
"无压力" = "好事"吗？答案并非如此

关键点： 化敌为友

可能正是压力装点了生活

谁都想缓解日常生活中的压力。但是，当真的没有压力了，或者说在压力极少的情况下，很多人会觉得每天都很枯燥、很无聊。比如说上班族退休后，从工作中解放出来，晚年生活想必会悠闲自得，但哪曾想不少人居然会觉得太无聊，都不知道该做什么了。没想到吧？原来压力润泽了每天的生活。

当工作、婚姻中压力增加，有人可能会觉得"只要辞职就好了""只要离婚就好了"，但适度的压力能够刺激人的大脑，促使人提高做事情的效率，使自己每天都更充实。明白压力带来的益处并与之智慧共存才能丰富人生。

能有效利用压力的人与不能有效利用压力的人

能有效利用压力的人

- 注意力得到提升，工作和学习效率得到提高。
- 能在运动中发挥得更好。
- 能激发出干劲，压力成为达成目标的原动力。
- 达成目标、收获快乐的时候，会产生更进一步的欲望。
- 会有用冷水洗脸等行为，使自己在短时间内恢复精神。
- 遇到火灾等事故，感觉到危险的时候，会注意确保自身安全。
- 经受刺激会引起新的兴趣，带来生活的乐趣。

好耶！

不能有效利用压力的人

- 容易疲劳。
- 失眠，但白天经常感到困意。
- 体态变差。
- 持续紧张，无法发挥自己本来的能力。
- 无精打采，影响工作和学习。
- 过度追求短期快乐，产生购物依赖、酒精依赖、烟草依赖等。
- 免疫力低下，易得胃溃疡、高血压、糖尿病等疾病。
- 患上抑郁症等心理疾病。

睡不着……

如何改变现状？试试相信"压力有用"

关键点： 心态的影响

不同的看法会带来不同的影响

知名心理学家凯利·麦格尼格尔在其著作中介绍了心理学家亚利亚·克拉姆的研究主题概念，即"对事物的看法，会改变事物所带来的影响"。

克拉姆的研究主题是"心态（塑造现实的想法）"，也就是说现实会根据我们的主观想法而发生很大的变化。简单的实验证明，人们只要试着改变想法，心理状态会变好，现实状况也会往好的方向发展，幸福感就随之提高的情况确实存在。

即使是不熟悉心态这个词的人，或许也听过"安慰剂效应"和"自我实现预言"。前者指的是把没有药理作用的安慰剂当成"特效药"使用，患者的症状得到了改善，后者指的是预期的事情变成了现实；两者都是心理学上的常见课题。

压力也会受到想法的影响，凯利·麦格尼格尔就主张"坚信某物有用"则真的有用。

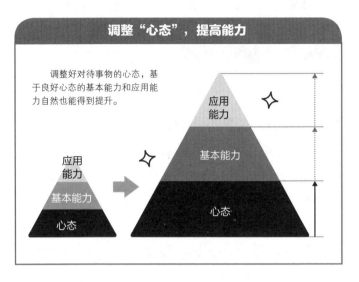

调整"心态"，提高能力

调整好对待事物的心态，基于良好心态的基本能力和应用能力自然也能得到提升。

应用能力

基本能力

心态

应用能力

基本能力

心态

健康笔记

仅靠一个想法就瘦下来了? 惊人的减肥试验

在以体重较重、血压较高的酒店客房工作人员为对象的克拉姆试验中，研究人员在酒店里贴出了不同工作能消耗的卡路里①的对照表，告诉大家工作其实就是运动，这些工作人员仅仅意识到"工作即正在运动"这件事就变瘦了。

---

① 1卡路里≈4.186焦耳。

影响压力激素的分泌！
"深信不疑"的神奇力量

想法不同，体内竟会如此变化！

凯利·麦格尼格尔自己也体验过俱乐部进行的研究，研究显著地提示了根据想法的不同，压力激素分泌产生的变化。

试验对象分为两组，试验内容为观看有关压力的录像。A组观看的录像内容为"压力能够提高能力，增进健康，促进成长"，B组则为"压力有害健康，消减幸福感，降低工作能力"。之后，试验对象们接受了伴随着压力的模拟面试。

试验结束后，检测试验对象血液中的压力相关激素，发现皮质醇和脱氢表雄酮（DHEA）这两种压力激素水平明显变化。A组试验对象血液中DHEA水平明显升高，B组试验对象血液中皮质醇水平明显升高。虽然两者都是身体必需的物质，但如果皮质醇的水平异常增高，将容易导致免疫力低下，引发抑郁症。反之，DHEA水平在一定范围内增高，与压力相关的一些疾病风险就会降低。试验提示，接受正向引导，认为"压力有益身心"的人压力激素的分泌也更有利健康。

想法不同，压力激素的分泌也不相同

与认为"压力有益身心"的人相比，认为"压力有害身心"的人体内皮质醇的水平更高。

皮质醇水平

 健康笔记

减肥的敌人！皮质醇分泌过多会导致脂肪囤积？

严格控制饮食会积攒压力，肾上腺皮质会过度分泌皮质醇，多余的皮质醇会增长糖原贮存，抑制葡萄糖的转化利用，从而导致脂肪堆积。

一个念头就能让人生变得快乐?
"心态效应"的厉害之处

直面压力才能解决问题

心态是指人们对现实的看法。积极的思考使人们的目标和行动发生改变就叫作"心态效应"。凯利·麦格尼格尔主张，面对压力时的心态会影响健康、幸福感、是否能成功。也就是说，想法不同的时候，应对压力的心情和方法都会改变，结果也会改变。

认为"压力有好处"的人在承受强烈压力的时候会采取如下行动。

①接受事实，认清现实。

②思考应对压力来源的方法，采取克服困难或是排解压力的对策。

③寻求信息、支持和建议。

④将其当作成长的机会。

不要逃避压力，直面压力能够提高应对事物的能力和自信，良好的心态也有助于结交朋友，而且不容易抑郁，对人生的满意度也会变高。

直面压力，与压力并肩作战！

 健康笔记

不能一感受到压力就放弃积极行动

　　抱有"压力=危害"这种想法的人一旦感受到压力就会逃跑或回避，"别想了""喝点酒吧"……而不做出任何努力，结果往往什么问题都没有得到解决。

其实也有"好的压力"，"压力=危害"一说是从哪里来的？

关键点： 汉斯·塞利对压力的定义

压力的定义广泛，但在较多人心中对其只有负面印象

明明压力具有促进成长和团结伙伴的正面效果，可为什么"压力=危害"的印象会如此深入人心呢？其中一个原因与生理学家汉斯·塞利初次使用压力一词时所下的定义有关。

汉斯·塞利给小鼠注射了不同种类动物的激素，然后对其施加各种各样的强烈刺激并进行观察，最终得出"压力是身体对外界刺激的反应"的结论，将日常生活中的各种体验都包含在压力之中。由于压力的定义广泛，意思常与"日常生活中身体的各种不适感"相关联，于是才会出现"一想到考试，胃就痛得像要裂开一样""工作压力好大啊，要死了"等类似的说法。

汉斯·塞利在晚年也承认，感到压力这件事并非只会对身体产生不好的影响，并在20世纪70年代表示"为了能够发挥潜力，善加利用压力尤为重要"，但现实情况却是某个结论一旦在人群中形成固有印象，就很难改变。

适当的压力能够提高生产力

压力=危害？并非如此。为了更好地发挥个人才能，将压力维持在理想水平非常重要。

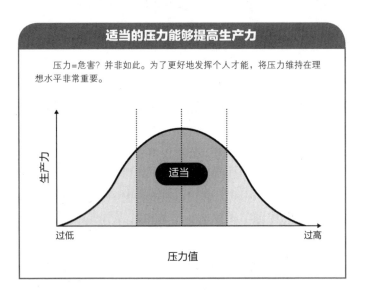

健康笔记

怀孕期间的压力对胎儿也有影响！

母亲在怀孕期间流离失所、遭受恐怖袭击等导致压力过大时，会增加早产的风险。不过，日常生活中的压力一般不会导致早产，甚至如果母亲感到一定程度的压力，胎儿的大脑和心脏反而会发育得更好。

在幼儿期，大脑若能适应压力，就可以提高行动力、激发好奇心

在幼儿期感受到的压力后期会转变为能动力

斯坦福大学生物心理学家凯伦·帕克曾用松鼠猴做过一项实验，调查幼儿期的压力会为个体带来什么样的影响。首先，为了给幼猴施压，他把幼猴从母猴身上拉开，每天让它们单独度过1小时，然后观察幼猴的成长变化。

凯伦·帕克预想的是"幼儿期感受过压力的幼猴会变得情绪不稳定"，结果却完全相反。这些参与实验的幼猴们越长越大，性格上变得比普通幼猴更为胆大，且行动力更强、充满好奇心，能够快速解决设置的问题，到了青年期则展现出超强的自制力，可以说拥有了战胜逆境的能力。

幼儿期的压力会改变这些幼猴的大脑，与普通幼猴相比，其大脑的前额叶皮质更为发达，特别是控制恐惧反应和冲动，以及掌管增强干劲的区域增大。这是大脑适应压力的结果，以凯伦·帕克为首的大部分科学家都认为这种情况同样适用于人类。

压力

成长

压力

 健康笔记

从压力中恢复时，会情绪高涨

　　承受巨大压力后，心理进入恢复阶段时，大多数人会感到情绪高涨。这是因为大脑基于以往的经历，对自己想要改变的行为提供了情绪上的帮助。这有助于人们从过往经历中找到值得学习的地方。

压力越大越容易幸福、满足？
压力指数与社会生活的悖论

关键点： 压力悖论

从全球民意调查来看压力和幸福度的关系

从2005年到2006年，一项"全球民意调查"在121个国家开展，对约125 000人进行了问卷调查。问卷中包括"你昨天感受到巨大的压力了吗？"之类的问题，以压力指数作为调查评估的指标，即一个国家调查的民众中感到压力的民众占该国家调查民众总数的比例。在121个国家中，压力指数由高至低，排在第一位的菲律宾为67%，最后一位的毛里塔尼亚仅为5%。

进一步调查显示，压力指数越高的国家国内生产总值（GDP）越高，平均寿命越长。而且，压力指数越高的国家，国民的幸福度和人生满意度越高。研究者们对此感到不可思议，继续调查后发现居住在压力指数较高的国家的人们，即使在精神压力大的日子里也不会沮丧，很多人会感受到爱和喜悦，经常开怀大笑；并且很多人认为自己的人生是理想的。如此看来，充满意义和幸福的生活一定会有压力。但是不是压力越大越容易幸福、满足呢？那肯定不是，毕竟压力堆积到一定程度，成为夺命压力可是会危及生命的。

容易被忽视的"压力悖论"是什么？

一个国家的压力指数越高，这个国家的GDP、平均寿命和幸福感，以及人们对生活、工作、社区、健康等的满意度越高；认为每天都充满压力的人越多，越有助于促进国民健康、经济发展、社会进步。

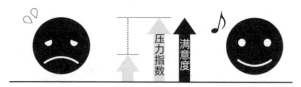

 健康笔记

毫无例外，能感到生存意义的人都有压力

很多人认为"不用忙忙碌碌就已经很幸福了"。但是各种各样的调查显示，在一定程度内，压力越大，人越能感受到生存的意义。大部分情况下，压力使人们积极应对人生课题。

无聊的时候心脏病发作风险翻倍！无惧压力，促进健康需要它

一定程度内，压力不是健康和幸福的敌人

压力有时会对身体有害，但各种研究表明，一定范围内，压力越大的人越能感受到生存的意义。另外，某项调查对回答"生活非常无聊"的中老年男性进行了长达20年的追踪调查，发现这类人心脏病发作致死的风险是普通男性的两倍。

另一项调查中回答"过着有意义的人生"的人死亡率仅有30%。另外，还有调查显示，具有目标意识的人更为长寿。综合来看，一定程度内，压力非但不是健康和幸福的敌人，反而是朋友。

人们处于强压中的时候会试图从当下处境中寻找意义。这就是为什么压力大的人常能感受到巨大的生存价值。我们经常会说"这份工作要是没有压力就好了"，但也请不要忘记无聊所带来的危害是不可估量的。

不要"逃避"压力！
什么是"抗压能力强"？

关键点： **抗压能力强**

能战胜压力的人，对待压力的想法不同

只听"抗压能力强"这个词，像是不管别人说什么都不会动摇、拥有强大意志力的意思，但事实上并非如此。芝加哥大学心理学家萨尔瓦托尔·R.麦蒂对即使压力再大也能克服的人进行了调查。

根据调查结果，不输给压力的人认为"没有无压力的生活""压力是成长的机会"；并且这些人相信，在遇到困难的时候，更应该坚定地面对。其中关于"选择"的意识是他们的特征，他们无论在什么情况下，都会选择改变现状，或是改变自己对现状的看法。

有这种思想准备的人，即使有压力也不会一味地陷入绝望，而是会积极采取行动；即使无法控制压力，面对压力的方式也要自己来决定。这样能在压力中积极地改变自己就是"抗压能力强"的表现。

抗压能力强的人的其他特征

能够依赖身边的事物

云淡风轻地表示"算了，就这样吧"

能够设身处地地为对方着想

如果失败，会认为是时机不对和自身准备不足（而不会把过错归咎于任何人）

认为经历任何事都能积攒经验

 健康笔记

拥有"内心的强大"这种勇气的功效是什么？

　　萨尔瓦托尔·R.麦蒂把因压力而成长的勇气称为"内心的强大"。有报告显示，这种勇气在司法、医疗、教育、体育等领域的从业者身上，起到了让其直面困难、勇往直前的作用。

不要试图抵抗压力！
直面并接受它，它就会成为力量的源泉

关键点： 直面压力的益处

接受紧张感能够促进事情的妥善处理

在很多人面前演讲的时候，因紧张而感到压力很大，脑子里一片空白，怀疑自己说不好从而变得没有自信……当这种情况出现的时候，很多人都会想"先冷静下来吧"。哈佛商学院的阿莉森·伍德·布鲁克斯教授对数百人就这种情况进行了提问，其中91%的人回答说"让心平静下来"是最有效的方法。

但是，从压力的角度来看，"让心平静下来"并没有什么意义。无论是在考试中还是在体育运动中，积极地看待压力，自信心会更强，更容易发挥自身能力。

排斥紧张时会出现恐惧反应，而坦然接受它就会有勇气应对。此时，人们可能不知道该做什么，也可能没有能做好的自信，但只要接受，就会产生永不放弃的力量。越是在快要被压力压垮时，越应该试着接受压力。

健康笔记

比起冷静，"激动"会更有助于事情的顺利进行

　　根据阿莉森·伍德·布鲁克斯进行的试验，在演讲之前，比起对自己说"我很冷静"的人，说"我很兴奋"的人即使紧张也会保持自信，在听众中的评价也更高。

越是感到压力，越不要放松，要让压力对自己有帮助

关键点： 利用压力

应激反应越强烈的人，考试成绩越好的原因是什么?

压力过大的时候，人会因担心失败而感到焦虑。但是从科学的角度来看，临近考试、训练，压力增大的人肾上腺素和皮质醇分泌量会变多，成绩会更好。人在感到压力的时候更容易获得成功体验。

罗切斯特大学心理学家贾米森曾在模拟考试中给一半的学生看了《考试中感到焦虑的人成绩更好》《应该这样想（压力能让事情进展得更加顺利）》等文章，剩下的一半学生什么都没看就进行了考试。结果，看了文章的一半学生获得了更高的平均分数。最终贾米森等人研究了看了文章的学生的唾液样本，发现其中代表交感神经活性标志物的α–淀粉酶的分泌量增多，α–淀粉酶分泌量越多的学生分数越高，提示看过文章的学生应激反应增强，并且应激反应越强分数越高。这一案例充分说明利用好压力能够使人发挥更佳。

在压力环境下，比起放松，感到压力更有作用

放松

易于获得成功体验

肾上腺素　皮质醇

感到压力

感到压力的时候，肾上腺素和皮质醇等分泌量增多，能够使人发挥得更好。

压力

健康笔记

把焦虑当作兴奋和有干劲的表现

各项试验结果表明"有价值的工作常常伴随着焦虑和压力"，只要接受了这一点，我们不论遇到什么艰难险阻都不会轻易动摇、屈服。不仅如此，压力还会成为支撑我们的能量源泉。

回避压力只会越来越焦虑！
利用大脑，克服焦虑

关键点： 逃避压力

出现焦虑就逃避只会适得其反

当压力过大而感到焦虑的时候，很多人都想要尽快逃离导致压力的源头，不过这种做法完全不值得推荐。因为越是一味地逃避，由此产生的恐惧感就越是强烈，反而会让人变得更加焦虑。

欲在压力中奋起时，会激发体内的"挑战反应"，此时身体将充满力量，注意力高度集中，不断涌现出行动的勇气；而从压力中只感到焦虑时，会激发体内的逃跑反应，也就是"威胁反应"。

重要的是，当导致焦虑的事情发生时，能够更好地发挥实力的情况不是"没有发生应激反应"而是"发生了挑战反应"。

一旦发生威胁反应，脑内感知威胁的区域和掌管应对行动的区域的联系就会增强，人就会想逃避。与此相对，发生挑战反应的时候，控制恐惧激发干劲的前额叶皮质区域间的联系将得到强化，人就有行动的

勇气。在挑战反应出现的情况下，体验压力可以提高
对压力的"免疫力"。

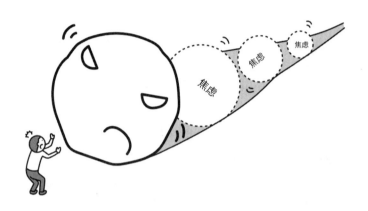

 健康笔记

提升成绩和注意力！挑战反应的益处良多

　　体育比赛中出现的挑战反应可以使运动员发
挥出优秀的实力，考试中出现的挑战反应可以使
考生得到更好的成绩。商务谈判自不必说，外科
医生和飞行员之所以能够从事更高精度的工作也
得益于挑战反应的存在。

理想的挑战反应是怎样产生的呢？
教你一个马上就能做到的技巧

关键点： **挑战反应**

要经常思考自己的优势

应激反应、挑战反应能够帮助人们在感到压力的情况下发挥得更好。但是，即使明白挑战反应益处良多，实际上遇到紧张的场合也更容易引起威胁反应。

难道没有高效激发挑战反应的方法吗？

有的，其实关键在于"有无应对压力的自信"。人在感到压力的情况下，会无意识地将克服困难的难易度、自己的能力等解决问题所需要的东西同自己的技能进行比较、评价和计算。认为"自己不行"的时候就会产生威胁反应，而觉得"好像可以应对"时就会产生挑战反应。

快速有效地激发挑战反应的方法就是认识到自己的优势，比如拥有多少知识和技能，花费了多少时间好好准备。如果过去有过克服同样问题的经历，回想起来就很有益；也可以回想那些曾经帮助过我们的人，这样做能够抑制威胁反应，激发挑战反应。

"挑战反应"是成长的良机

在有压力但危险程度不高的条件下出现

心率加快，肾上腺素水平飙升，大脑和肌肉对能量的需求量增多，具有使情绪高涨作用的脑内化学物质急增

可在日常生活中积极运用

比如第一个上台展示、比赛前夕等情境。

提高注意力，抑制恐惧感。压力激素（如DHEA）的分泌增加。

通过挑战反应克服困难的人们的成长清晰可见。不过，这并不适用于所有的轻度压力。

 健康笔记

使用24种人格力量测试（VIA）量表掌握自己的优势，做好应对压力的准备

如果想客观地了解自己的优势，可以直接参考将人格优势分为24种类型的VIA量表，提前掌握自己的优势，必要时也许会派上用场。

逆境经历较少的人幸福感低，唯有战胜考验，才能变强

关键点： **逆境与成长**

适当经历逆境能够提高幸福感、维持健康

前文多次提到，适当程度内的压力对人们来说绝对不是危害，且不仅不是危害，更是促进人们成长的关键要素。即使是最糟糕的逆境，也会促进忍耐力的成长，痛苦的经验也会有助于成长。

纽约州立大学心理学家马克·D.西利对2 000名美国人进行了4年的研究。令人震惊的是，研究结果表明有过痛苦经历的人对抑郁症和失眠症的耐受性更高；而以往的定论是痛苦的精神创伤体验会提高这些疾病的风险。痛苦的精神创伤体验有生病、受伤、爱人死亡、离婚等。

调查结果显示，患抑郁症等疾病风险最低的是经历过的逆境数量为中等水平的人，而风险最高的是经历逆境数量最多的人和最少的人。顺便说一下，前者的幸福感很高，后面两种类型的人的幸福感停留在较低的水平。

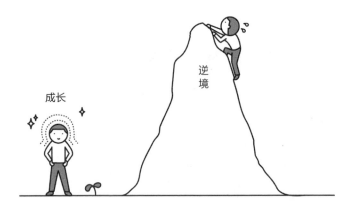

成长

逆境

 心理健康笔记

伤害总会结束

　　身处逆境，人们很多时候会觉得前途并不明朗。然而在这种时候，更应该想到伤害总会结束。这样，不管有多少困难，都能看到希望。

有压力也能让心情安定！
指挥压力激素的物质

关键点： 5-羟色胺

5-羟色胺控制去甲肾上腺素和多巴胺的分泌量

掌管性欲、食欲、财欲等，与"快感"相关的多巴胺和掌管着注意力、受外界的刺激会让人感到不安和紧张的去甲肾上腺素的分泌都应适量，分泌过多就会出现失衡，进而引起成瘾和恐惧症。影响这些物质的分泌量，使大脑处于稳定状态的物质就是5-羟色胺，它使人们能够保持平常心。

5-羟色胺可以调节身心的各种功能。例如，起床后，5-羟色胺通过对交感神经的刺激来提高体温和血压，促进呼吸，使身体转换成活动状态。5-羟色胺正常分泌，人就能心情舒畅地清醒。

5-羟色胺可提高人的思考力和判断力，保持大脑皮质作用的平衡，让人保持舒适的清醒状态。如果想保持青春，5-羟色胺在美容方面的效果也是不容忽视的；调节抗重力肌（背部和下肢的肌肉、眼睑等脸部肌肉）运动，保持正确的姿势和紧绷的表情也是5-羟色胺的作用。

5-羟色胺是"乐队"的"指挥家"

5-羟色胺

5-羟色胺自身不能"发声",但可以向多巴胺和去甲肾上腺素发出指示,维持整个大脑内部的和谐,起到如指挥家一般的作用。

多巴胺

去甲肾上腺素

 健康笔记

怎么检测脑内5-羟色胺的水平

脑内5-羟色胺的水平可以通过血液检查或尿液检查来检测。在对脑以外的器官不施加影响的状态下,如果血液和尿液中含有的5-羟色胺量增加,可以认为脑内5-羟色胺量增加了。尿液检查是最简单的检测方法。

5-羟色胺是宝，维持水平稳定很重要！

人体所有感觉的信息都会集中到大脑，所用的传递路径就是神经。一般情况下，有信息到来的时候神经细胞就会工作，一个信息对应一个电信号。分泌5-羟色胺的神经细胞则与这些应对平时信息的神经细胞不同，其被激活的时候会规律地持续释放电信号并分泌一定量的5-羟色胺。

5-羟色胺的分泌在多巴胺和去甲肾上腺素分泌量过多时会出现失衡，不过5-羟色胺分泌过量的情况很少出现。这是因为5-羟色胺除了拥有维持自身良好状态的"自我检查回路"外，多余的5-羟色胺还能够循环使用。向靶细胞中的5-羟色胺受体传递信息的5-羟色胺会再次被分泌5-羟色胺的细胞摄取，并且还会进入血液循环，保证体内有一定量的5-羟色胺，而会对这一过程造成阻碍的就是压力。压力过大的情况下，下丘脑的室旁核过度激活，存在于中缝核中分泌5-羟色胺的神经细胞释放电信号的速度就开始降低，从而导致5-羟色胺的分泌量减少。

压力增加的时候5-羟色胺分泌量下降，压力减小时5-羟色胺分泌量增加，将压力与5-羟色胺的关系想象成如跷跷板一样就不难理解了。因此，适当调节压力，维持体内5-羟色胺水平的稳定很重要。

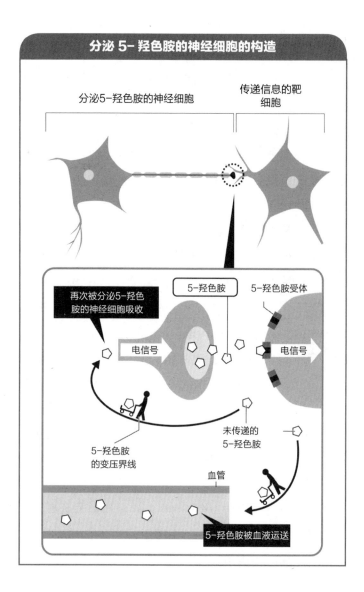

分泌 5- 羟色胺的神经细胞的构造

分泌5-羟色胺的神经细胞

传递信息的靶细胞

再次被分泌5-羟色胺的神经细胞吸收

5-羟色胺

5-羟色胺受体

电信号

电信号

5-羟色胺的变压界线

未传递的5-羟色胺

血管

5-羟色胺被血液运送

第 2 章

不要臣服于压力，更不要向病痛低头！

调节自主神经，提高免疫力！

　　调节自主神经可以提高免疫力、强健体魄，不被疾病所打败。

自信和希望能够提高免疫力，降低胆固醇水平。

——记者、作家　诺曼·卡曾斯

头晕、发冷、困倦……
身体不适可能是自主神经功能失调导致的

受压力影响，自主神经功能失调

有时会从身边的人那里听到这样的情况：头晕眼花、疲乏无力的时候到医院做检查，结果被诊断为自主神经功能失调。

自主神经功能失调中的"自主神经"通过神经系统、体液系统共同控制人体内部的功能。呼吸、血液循环、体温调节、发汗、心脏搏动等能正常进行就是自主神经的功劳。自主神经包括交感神经和副交感神经两种，保持这两种神经的平衡，我们的生活就能"一切正常"；如果失衡，身体就会出现困倦、头痛、头晕、心悸等症状。导致自主神经功能失调的原因之一就是压力。

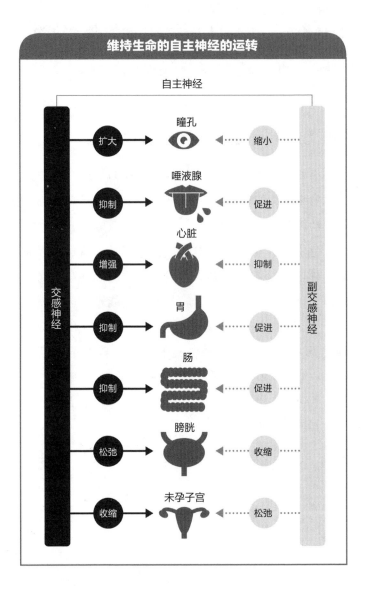

可以通过自主神经训练法或服用维生素B₁₂改善自主神经功能失调症状

自主神经不能正常工作的时候会引发什么样的症状呢？首先，交感神经过于活跃会引发高血压、心悸、烦躁等症状；反之，不够活跃则会引发头痛、头晕、畏寒等症状。

副交感神经过于活跃会对消化器官造成影响，出现神经性腹泻等症状；反之，不够活跃会引起失眠、慢性疲劳等症状。即便是到医院检查也难以找出特定的原因，这种原因不明的身体不适经常会被诊断为自主神经功能失调。

自主神经功能失调的患者几乎都是女性，而且多发于20~40岁。分析认为其与女性激素水平的波动有着密切的联系，女性在如怀孕、产后、闭经期间等这些身体激素水平快速发生变化的时期，更易发生自主神经功能失调。所以，如果出现身体不适，不要自己简单地判定为疲劳，进行恰当的治疗非常重要。

可以使用自主神经训练法来治疗自主神经功能失调。德国精神科医生舒尔茨创造的自主神经训练法，是一种能对身体、心理起作用的消除身心紧张感的放松法。

自主神经训练法于20世纪50年代传到日本，现在被引入90%的日本心理健康医疗机构，在临床心理学的治疗中基本上都能见到。一经掌握，在哪里都能做治疗是自主神经训练法最大的优点。该方法还具有安神的效果，急躁的时候可以一试。

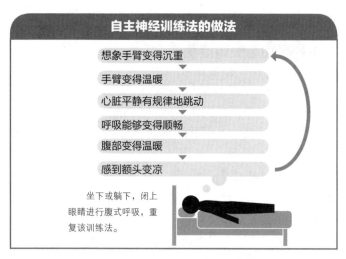

自主神经训练法的做法

想象手臂变得沉重

手臂变得温暖

心脏平静有规律地跳动

呼吸能够变得顺畅

腹部变得温暖

感到额头变凉

坐下或躺下，闭上眼睛进行腹式呼吸，重复该训练法。

此外，在相关专业人士的指导下，摄取维生素B$_{12}$也能有效治疗自主神经功能失调。维生素B$_{12}$能够帮助人体合成神经细胞内的核酸、蛋白质、类脂质，保持人精神稳定，提高注意力和记忆力。一旦缺乏维生素B$_{12}$，人就容易急躁、闷闷不乐，有时还会对末梢神经系统产生影响。

健康笔记

适量多食用富含维生素B$_{12}$的食物

蔬菜当中几乎没有维生素B$_{12}$。蛤蜊、蚬贝、牡蛎、肝脏、沙丁鱼、鸡蛋、奶酪、海苔等都是富含维生素B$_{12}$的食物。对于酒精摄取量较多的人来说，这些食物的营养作用会被弱化，这时可以在医生的指导下积极服用补充剂。

机体健康深受自主神经的影响！

关键点： **交感神经与副交感神经**

交感神经和副交感神经的顺利切换非常重要

自主神经是人体内末梢神经的一种，控制着呼吸、心率、血压等。自主神经分为两种，一种是交感神经，在人们紧张或兴奋的时候非常活跃；另一种则是副交感神经，在人们放松或睡觉的时候非常活跃。在理想状态下，这两种自主神经工作平衡稳定，从起床开始到傍晚，交感神经活跃；从傍晚到夜间，副交感神经活跃。

自主神经和胃肠运动关系密切，副交感神经活跃能促进胃肠功能，交感神经活跃会抑制胃肠功能，为使胃肠能够正常工作，保持交感神经和副交感神经平衡非常重要。

特别重要的一点是，在人们起床后，由副交感神经主导变为交感神经主导，随着太阳西沉，又逐渐切换为副交感神经主导。从起床后沐浴晨光，然后吃早饭、做运动，到闭上眼睛睡觉的整个过程，一天当中的活动都要靠这两种自主神经的稳定工作、顺利切换。这两种自

自主神经和身体反应

交感神经处于优势		副交感神经处于优势
紧张状态		**放松状态**
升高	血压	降低
收缩	血管	扩张
减慢	血流适度	顺畅
较多	粒细胞	较少
较少	淋巴细胞	较多

主神经工作平衡一旦失调，身心健康就易出现问题，即"自主神经功能失调"。在头痛、耳鸣、头晕、多汗、失眠、呼吸困难、心悸、心律不齐等症状出现之前可以参考本书，通过饮食和运动调节自主神经。

调节自主神经可改善肠内环境和提高免疫力

关键点： 肠内环境

免疫力、肠内环境、自主神经这三者之间的平衡十分重要

免疫力、肠内环境和自主神经三者之间联系密切，维持这三者的平衡尤其重要。自主神经功能一旦失调，肠道的功能就会变差，这样一来，会影响消化吸收和排泄，从而导致人体无法很好地吸收营养物质，也就意味着血液交换能力下降，肠内的废物堆积，从而产生有害物质。交换能力下降的血液变得黏稠，从而导致血流不畅，人体还会出现畏寒、水肿、皮肤干燥、疲劳等症状，免疫力也会下降。便秘、腹泻等肠道不适，以及疲劳、失眠、急躁等症状存在的时候，免疫力、肠内环境和自主神经的平衡恐怕已经失调。此时，要重新审视自己的生活，如果是因为睡眠不足、饮食偏颇、压力过大而产生的症状，首先要做的就是改善生活方式。作息规律、注意放松，副交感神经就会兴奋，副交感神经一旦兴奋，就能促进肠道很好地吸收营养，这样一来免疫力也能得到提升。

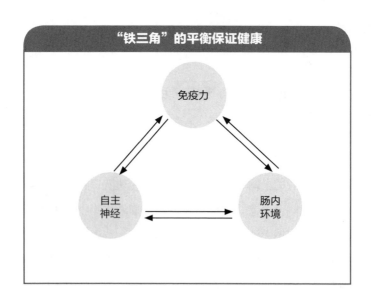

"铁三角"的平衡保证健康

免疫力

自主
神经

肠内
环境

 健康笔记

交感神经和副交感神经两者的平衡也很重要

持续的压力会导致交感神经长时间处于兴奋状态，使人变得容易焦躁、失眠、感冒。反之，过于悠闲会导致副交感神经持续兴奋，从而引起过敏反应、肠胃不适、疲劳、无力等症状。所以维持两者之间的平衡非常有必要。

刺激副交感神经的腹式呼吸，能够放松身心，提高免疫力

关键点： 腹式呼吸和副交感神经的关系

胸式呼吸多用于紧张状态，腹式呼吸多用来缓解压力、放松身心

呼吸是无止境、无意识进行的。采用正确的呼吸方法可以逐渐提高免疫力。

众所周知，呼吸分为胸式呼吸和腹式呼吸两种。即便吸进呼出的是相同的气体，胸式呼吸刺激的是交感神经，腹式呼吸刺激的则是副交感神经。平时，我们也许没有意识到，工作、做家务的时候使用的是胸式呼吸，放松或是躺在床上的时候经常使用的是刺激副交感神经的腹式呼吸。我们可以采用腹式呼吸来刺激副交感神经，缓解压力，这是放松身心的关键。

此外，有一种免疫细胞——"自然杀伤细胞（NK细胞）"，富含于腹部的淋巴液中，通过腹式呼吸可以将NK细胞送往全身从而提高人体免疫力。

正确的腹式呼吸步骤

1 **伸展脊柱**
挺直腰板站立。直接这样坐下也
可以。

2 **吐气**
用嘴巴缓慢吐气，使腹部变
瘪。吐气时要时刻想着要把
腹部的空气吐干净。

3 **从鼻子吸气**
吐完气后闭上嘴巴，从鼻子
缓慢吸气然后缓慢往腹部送
气，使腹部充实起来。吸气
时要想着缓慢地使空气充满
腹部。

4 **瞬间停止呼吸**
吸气完之后就在这一瞬停止呼
吸，然后回到第二步。

同样步骤1天做5次并且打卡。

体温下降，免疫力也会降低，审视生活习惯，让自己温暖地生活

关键点： 正常体温

体温36~37℃

大家知道免疫力和体温有着非常密切的联系吗？体温维持在36～37℃（因测量方法不同而略有差异），人体就能正常运转。每当体温下降1℃，免疫力就下降30%左右，基础代谢率下降12%左右。体温下降的时候，免疫细胞的活动将变得迟钝从而导致免疫力下降，同时促进消化、吸收、代谢的酶的活性降低，最终导致基础代谢率下降。

体温下降的主要原因包括压力过大、肌肉量下降等。过大的压力会使自主神经功能失调，引起体温下降；此外，肌肉活动维持着40%的体温，所以运动量不足引起肌肉量下降也会导致体温下降，故运动量不足时要提高警惕。

要积极地摄取能够温暖身体的食物，注意要吃八分饱，三餐之外吃什么也很重要，需要用心准备。

起床的时候体温最低，傍晚最高，可以每天在晨起、上午、下午和晚上的时候各测量1次体温，计算出

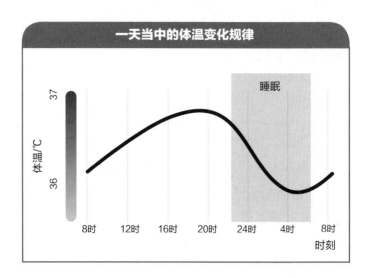

自己的平均体温。

　　睡眠中体温较低，随着活动增加体温逐渐升高，傍晚达到峰值。

饭吃八分饱，预防血糖峰值

　　注意饭吃八分饱，有助于预防饭后达到"血糖峰值"，即餐后短时间内血糖迅速上升。血糖瞬时达到峰值会对血管造成损害，可能引起动脉硬化、癌症、心肌梗死等疾病。

做好"三首"保温工作，有效暖和身体

在冬季，身体发冷的时候，血管会收缩，致使血液流速变慢，尤其是"颈部""手腕""脚腕"这三个部位（即为"三首"），一旦着凉就易使血液凝滞。并且这三个地方与身体其他部位相比，皮肤表层和血管的距离更近，因此更容易感受到寒冷，体温也会下降得更快。

在这三个部位的血管当中，颈部的动脉血管是最粗的，因此做好颈部的保暖工作，可以有效防止着凉。出门时可以在颈部围上围巾，给手戴上手套来防寒，注意手套和袖子之间不要留空隙。至于脚腕，可以穿上长筒袜或戴上长筒针织暖腿套等，注意冬天最好不要光着脚。

说到防寒，我们首先想到的就是冬天的那些常用保暖用品，而实际上夏天也有必要准备一些防寒用品。如长时间待在空调屋里的人要提高警惕、注意防寒，空调屋内和屋外的温差超过5℃时，容易引发"空调病"；身体发冷会导致调节体温的自主神经功能失调，免疫力下降。有必要准备便于穿脱的外衣、护膝、毛毯等来防寒，积极调节体温。

此外，长时间保持一个姿势坐着也会导致血液循

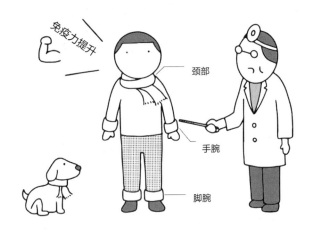

免疫力提升

颈部

手腕

脚腕

环变差。办公室人群尽量每30分钟站立1次，做一做运动，也可以在工位上跺跺脚、动动身体，做好保暖。

 健康笔记

坐着就能进行的防寒运动

坐着就能进行且十分简单的防寒运动就是抬放脚后跟运动，即将脚后跟和脚尖交互抬放10次。此外，伸直膝盖、脚尖朝上的运动同样成效斐然。可以在工作闲下来的时候做一做防寒运动，促进血液循环。

在热水中泡个澡能够刺激副交感神经，提高免疫力！

关键点： 体温上升4℃仅需10分钟

只冲澡的人可以试试泡澡

若想体温立刻升高，可以选择泡澡的方式。热水能让体温由内到外地升高，从而激活免疫细胞，提高免疫力。同时，泡澡时有助于出汗，有利于排出体内代谢废物，促进排毒。

为了增强泡澡的效果，在热水中浸泡的时间尽量控制在10分钟左右。新潟大学名誉教授安保彻提出了理想的热水温度是"体温+4℃"——以人的体温36℃为基准，加上4℃，即40℃左右的热水泡澡最为理想。这个温度的水更能刺激到副交感神经。另外，如果持续泡在42℃以上的热水当中，交感神经会被激活从而导致血压上升，血管进入紧张状态，使血液流动滞缓，能量无法到达全身，反而适得其反。这一理想泡澡温度仅供参考，只要感到身心舒畅，水温不过热，都是可行的。此外，若是在浴室闷得面部通红，就千万不要勉强自己继续泡了。只要泡了澡，哪怕不到10分钟也是有效果的。

 健康笔记

泡个半身浴温暖身体，悠闲地放松身心

空闲时可以试一试半身浴。在40℃左右的热水里半身浴，泡的时间以自己感觉舒适为度，泡澡的时候可以读读书、听听歌。半身浴比全身浴出汗更多，放松效果更佳。可以在肩膀搭个热毛巾以免上半身着凉，同时不要忘了及时给毛巾补充热水。

达到最佳睡眠时长能够调节自主神经，嗜睡会导致免疫力低下

关键点： 睡7～9小时，严禁嗜睡

睡眠不足会导致自主神经功能失调，嗜睡也一样

白天活动，晚上休息，这样的循环是自主神经作用的结果。自主神经分为紧张模式下的交感神经和休息模式下的副交感神经。白天交感神经维持机体运转，晚上副交感神经进入活跃状态，缓解压力，引发睡意，这就是规律。达到最佳睡眠时长能够调节自主神经，提高免疫力。最佳睡眠时长因人而异，多为7~9小时。23点前上床睡觉效果最佳，因为这样能够使杀死病毒和细菌的淋巴细胞数量增加，从而提高免疫力。此外，促进细胞活化的生长激素在深夜2点分泌量达到顶峰，若此时处于深度睡眠效果会更好。

睡眠时长越短，交感神经持续紧张时间越长，从而导致免疫力下降。那么是不是只要多睡就能提高免疫力呢？实际上并非如此。睡太多会容易感到倦怠，此时副交感神经会过于活跃，也会导致免疫力下降，所以嗜睡只会适得其反。

睡眠时长和自主神经的关系

7小时以下

交感神经持续紧张，免疫力下降。

7~9小时

自主神经平衡得以调节，免疫力上升。

9小时以上

副交感神经超负荷工作，精力衰退，免疫力下降。

健康笔记

跟随季节调整作息时间

日出而作、日入而息是最理想的作息状态，但对现代人来说并不容易实现。大家可跟随季节调整自己的作息时间，夏季日出时间早，可以早起1小时；冬季日出时间晚，可以晚起1小时，睡觉时间也这样错开1小时。

实现了控制自主神经的可能！
"熟睡呼吸法"有助于自然入眠

关键点： **熟睡呼吸法**

有助于改善失眠、高血压、糖尿病的呼吸法

自主神经被认为是人的意识无法控制的东西，但近来有研究表明，人们能够通过"熟睡呼吸法"对其进行调节，从而改善体质，改善失眠、高血压、糖尿病等各类疾病。

大多数疾病都是由交感神经过于兴奋引起的，副交感神经在睡眠中或放松的时候兴奋，因此也被叫作"休息神经"。吸气时交感神经处于兴奋状态，吐气时副交感神经处于兴奋状态。适当调动副交感神经来改善身体不适，这就是"熟睡呼吸法"的原理，如下是"熟睡呼吸法"的做法。

首先，一边把气集中到肚脐下方3~10厘米的地方，一边沉着、缓慢地吐气，直到达到自身承受的极限，然后"嘶"地吸气。这一呼吸法躺着坐着都能做。睡不着的时候，先躺在床上做好睡觉的准备，再开始这一呼吸法也行。

每天坚持1小时，分6次进行，每次做10分钟左右，可以早晚各做30分钟。

熟睡呼吸法

呼

1 把气集中到肚脐下方3~10厘米的地方，然后沉着、缓慢地吐气。

吸

2 将气彻底吐完，然后"嘶"地吸气。

 健康笔记

只需调整呼吸就能睡着！神奇的"4-7-8呼吸法"

亚利桑那大学医学部的安德鲁·威尔教授开创了"4-7-8呼吸法"，即闭上嘴巴，边从鼻子吸气，边默数4个数；停止吸气，屏息默数7个数；最后从嘴巴缓慢吐气并默数8个数。这一呼吸法因具有良好的助眠效果而被许多人推崇。

枕头不合适会扰乱自主神经？换个合适的枕头，让疲劳的颈部好好休息一下

关键点： 合适的枕头

不合适的枕头易导致肩酸、头疼、失眠、恶心

枕头的作用就是让疲劳的颈部得以放松休息。但是，若是枕头不合适，不仅让人无法好好休息，还会对健康造成危害。颈部汇集着重要的神经，颈部受压迫容易引起相关神经障碍，其中受影响最为严重的是自主神经。枕头不合适时会压迫颈部，激活交感神经，然后引起动脉收缩，使血液流通不畅，引发肩酸、头痛、头晕、恶心、失眠等症状。苦恼于慢性睡眠障碍的人，很多都会通过换枕头来解决失眠问题。

挑选枕头的时候，选择能够固定后脑勺、不给颈部造成太大负担并且稍微高一点的为佳。为使后脑勺能够固定，可以选择正中间有凹陷的枕头，也有能够调整高度的枕头。40岁以后，材质稍微硬一点的枕头会更合适。此外，即便是翻身，头颈部也不会离开枕头的枕头更佳。

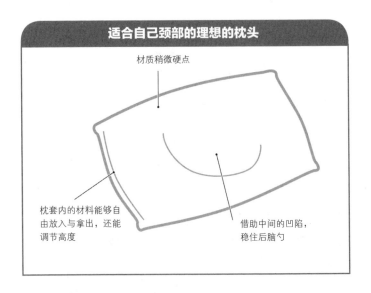

适合自己颈部的理想的枕头

材质稍微硬点

枕套内的材料能够自由放入与拿出，还能调节高度

借助中间的凹陷，稳住后脑勺

健康笔记

只日本人从弥生时代（公元前300年至公元250年）开始就使用枕头了吗？！

2000年，福井县清水镇瓿谷的田地遗迹中发现了被认为是日本最早的枕头的木片。虽说是枕头，但却是棺材中供逝者使用的东西，而彼时是否在实际生活中也有人使用就无从得知了。

早起早睡有助于改善自主神经功能失调和抑郁症

关键点：**早睡早起的习惯**

不勉强自己，逐渐提早起床时间

"早睡早起身体好"是当代人自孩童时期起就经常听到的话，却不知从什么时候开始，人们常常喝酒至深夜，或是很晚还在工作甚至经常性熬夜。若到了深夜还没睡，交感神经持续处于兴奋状态，副交感神经无法正常运作，就容易导致自主神经失调，进而引发失眠、抑郁症、肠胃病等各种疾病。正所谓熬夜是"百病之源"，要恢复健康还是得要早起早睡。

话虽如此，但若要平时早上8点起床的人突然变成早上5点起床，难度未免过高；这"突如其来"的改变，也常常使好不容易树立起来的健康意识因实施不易而逐渐被消磨。为实现早起生活，可以尽量比现在的起床时间先早起30分钟，坚持一段时间后可以再提早30分钟；然后重复这一过程直到起床时间接近早上5点。如果这也比较勉强的话，还可以先试试一周只早起一次。"做到"的成就感得以累积，也会慢慢改变生活习惯。

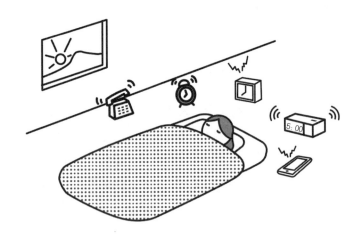

健康笔记

真的有"早起型人"和"夜猫子型人"吗?

清醒和困倦与体温的变化相关。体温升高就清醒,下降则困倦。和"早起型人"相比,"夜猫子型人"夜晚体温的下降往往会慢几个小时,结果就是想早睡也睡不着。

随时随地都能进行的"卷舌呼吸法"

关键点： 卷舌呼吸法

用"卷舌呼吸法"解决烦恼吧

做瑜伽有意识地注意自己呼吸的时候，很多人表示"消除了疲劳""感觉自己身体变轻了"。坚持一段时间后，也有很多人觉得精神压力得以缓解，高血压得到了改善。

这样的变化被认为是瑜伽呼吸法带来的结果。瑜伽相关理论认为，做瑜伽时，吐气能够排出体内多余的能量，吸气能够吸入氧气和"普拉那"（生命能量）。"卷舌呼吸法"是瑜伽呼吸法的一种。通过"卷舌呼吸法"放松的时候，副交感神经开始活跃，于是肌肉紧张得以缓解，血管扩张，血液循环加快，营养素和酶被输送到全身，缓解发冷、水肿、肩酸等症状。

"卷舌呼吸法"的做法是端正姿势打开胸腔，缓解内脏的压迫感，膈肌就会变得易于活动，吸气时卷舌，并从卷起的舌头中间吸气到腹部，然后吐气时间要比吸气所用时间长，从而促进机体分泌能让心情平静的激素。该呼吸法可调节自主神经功能，使免疫力能够得到改善。当感到身体不适或是急躁的时候可以试试这个方法。

卷舌的方法

卷舌前，将舌尖伸出1厘米左右。从卷起的舌头中间吸气到腹部。

不擅长卷舌的人，可以保持做"i"这个发音时的口型，舌头挂在下齿，轻轻咬合，从牙齿的间隙吸气也能达到同样的效果。

 健康笔记

通过吸气进入体内的"普拉那"是什么？

从呼吸法的层面来讲，"普拉那"在瑜伽中被看作是一种看不见的"生命能量"。

气压不同，身体状况和心情也会发生变化

关键点：气压的变化

天气影响着自主神经的功能

相信很多人都会有"下雨天心情会变得低落""阴天的时候总感觉倦怠"的经历。实际上天气和人的身体状态密切相关，这是因为天气影响着自主神经的功能。其中的关键就在于"气压"，湿度大的空气气压较低，湿度小的空气气压较高；而容易引起身体不适的正是湿度大、气压低的天气。

为什么在湿度大、气压低的天气身体会有不适？因为湿度大、气压低时氧气含量会变少，副交感神经兴奋。白天本应是开启"干劲模式"的交感神经的主场，若被副交感神经抢占优势地位，交感神经的兴奋性就会被抑制，人就变得没有干劲；此时如果强迫想要休息的身体动起来自然会更耗体力，人就会感到倦怠。湿度减小的干燥日子里气压高，大气中氧气含量会增加，此时交感神经容易被激活，人就会充满干劲；在天气晴朗、阳光明媚时，人的心情也会很好就是这个原因。

气压变化引起身体不适

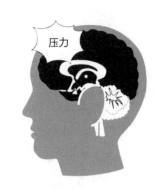

压力

气压变化的时候，耳内的"气压感受器"感知到"身体不适"。

在四季分明的日本，随着季节的变化，气压也会发生巨大变化。春季是高气压逐渐变成低气压的季节，副交感神经开始逐渐处于优势地位，春困、过敏等现象就多发；夏季多有气压较低的天气，所以身体容易不适；到了秋季，气压逐渐上升，身体不适有所好转；冬季气压变高，交感神经开始活跃，身体状况变佳，不过，要注意免疫力会因为寒冷而下降。因此，要注意身体适应季节变化的规律，管理好自己的身体健康。

为什么女性更易出现自主神经功能失调

激素分泌的复杂性使女性更易出现自主神经功能失调

从性别来看，自主神经功能失调的女性患者数比男性患者数多。这是因为男女激素的分泌节律有很大差异。男性在青春期时性激素的分泌量较高，直到初老期才开始稳定下来。女性从初潮期开始分泌性激素，每月的生理状况不同，激素平衡也会发生变化；此外，怀孕、分娩、哺乳，还有绝经，一生当中有许多阶段激素水平都会有很大的起伏。激素水平变化越多，失控的机会也就越多，也更容易引起自主神经功能失调。特别是在性激素分泌减少的更年期，女性更是容易出现更年期综合征，其中自主神经功能失调就是更年期综合征的主要症状之一。

实际上，不只是激素失调，自主神经功能失调也深受压力等因素的影响。感到压力的时候，自主神经系统会采取防卫对策来应对压力，一旦压力过大，也将导致自主神经功能失调。因此，为了便于区分激素失调和其

他原因导致的自主神经功能失调，女性因激素失调引起
的自主神经功能失调被叫作"女性性激素异常症状"。

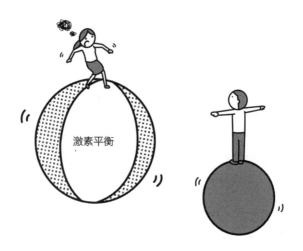

激素平衡

健康笔记

自主神经功能失调的发生特点

自主神经功能失调多见于女性，并且女性患
者的治疗难度也较高。冬季较夏季多发，换季的
时候也容易发生；气候不正常，自主神经功能也
容易失调。

自主神经功能失调易发时间可以预测

女性自主神经功能在分娩后、生理期前和更年期容易出现失调。比如分娩后除了激素分泌的变化，生产后的虚脱感、育儿过程中的心理疲劳等也会产生影响。同样，习惯性流产或怀孕终止等也会引起自主神经功能失调，此时还会造成心理创伤。

生理期前，很多人会苦恼于很多原因不明的症状，即经前期综合征，此与生理期前的黄体期中雌、孕激素分泌失调有关，这也是导致自主神经功能失调的原因之一。

女性更年期时，自主神经功能失调也更多见。40~50岁的女性卵巢功能下降，卵巢分泌的性激素逐渐减少，垂体分泌的促性腺激素水平急剧上升……激素分泌出现的较大变化，对自主神经系统产生影响，从而引发自主神经功能失调。

不过，激素失调并非唯一的导致自主神经功能失调的因素，性格、气候、心理原因等也会对其产生影响，尤其是不擅长缓解压力、难以从担忧的情绪中脱离出来及过于担心自己健康情况的人，自主神经功能失调的风险更大。当今这个时代，很多人都会有亲子关系、夫妻关系、工作上的烦恼，可以多和朋友们一起度过愉快的时光、多做做运动来缓解压力。

自主神经功能失调是这样引发的

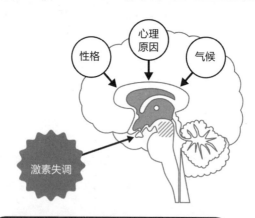

性格

心理原因

气候

激素失调

自主神经功能失调表现在精神上和全身的症状

├─ 精神上的症状——急躁、担忧、什么都不想做、忧郁等

└─ 全身的症状——容易疲劳、失眠、食欲减退等

末梢自主神经功能失调表现在各组织器官的症状

├─ 眼睛——眼疲劳、眼痛等

├─ 咽喉——咽喉阻塞等

├─ 肌肉和神经——头痛、颈椎疼痛、肩酸、胸痛、背痛、四肢痛等

├─ 心脏和血管——心悸、胸闷、头晕、目眩、麻痹、面红耳赤、发冷等

├─ 支气管和肺——呼吸困难等

├─ 胃、肠和胆囊——恶心、胃部不适、便秘、腹泻、腹痛等

└─ 膀胱——多尿、排尿时不适等

第 3 章

压力来源于工作?

提高效率!
职场压力应对法

精力过剩或职权霸凌的上司、让人费神的同事、不会察言观色的下属、令人头疼的客户……

一起来排解压力,提升工作效率吧!

围墙不是由对手制造的，而是由自己制造的。

——哲学家　亚里士多德

工作压力主要来自"人际关系"，处理不好会变得更加棘手

关键点： 人际关系上的烦恼

能否进行自我疗愈非常关键

工作上的烦恼五花八门。比如面对严厉的上司每天都战战兢兢，被任性的客户搞得团团转，下属对工作一点也不上心，自己的负担在不断增加……根据不同的职业类型，烦恼可能会有所不同，但充分分析这些烦恼后会发现，它们基本上都是"人际关系上的烦恼"。

职场上人际关系的限制非常多，"理解不了这种人际关系，心情很不好""场面话和真实想法不同"等情况时有发生，且这类烦恼容易产生但难以解决。

任何人都会有讨厌、苦恼的情绪，怀着这样的情绪和人接触时压力会很大，一不注意就会出现摩擦。其实，重要的不是不去讨厌、苦恼，而是要摒弃不自信的意识，转换自己内心的想法。当不顺心的事情发生时，能否管理好自己的情绪，关系到工作能否顺利进行。

 健康笔记

日本86%的职场男女都有压力

　　根据网络调查结果，在日本，86%的职场男女都或多或少有压力。其中，55.7%的人表示压力来源于"职场上的人际关系"。

通过"改变音量"和"自动翻译"，来克服工作压力

关键点： 大脑内部的切换

一味忍耐总有一天会到极限，掌握一些应对方法会更好

谁都会有工作上的压力，心情都会受到影响，一味地积累压力并不是好事，一起来采取对策吧！

比如，一直沉浸在过去受到的斥责和中伤中无法自拔的时候，可以用想象给大脑中的声音配置两个开关；右边的按钮负责降低想要关闭的声音的音量，左边的按钮负责提高想要听到的声音的音量；并且，想象同时操作两个按钮，放大想听到的声音音量，降低不想听到的声音音量。可以根据实际情况调整，例如放大"我很看好你哦""交给你我很放心"等的音量。

此外，面对脾气急躁的人，想象自己的大脑中有一个自动翻译机，通过对方的不满情绪，集中心思"翻译"那个人的本意到底是什么。通过自动翻译机，来关注彼此的真实想法，只有这样，才可能达成相互理解。

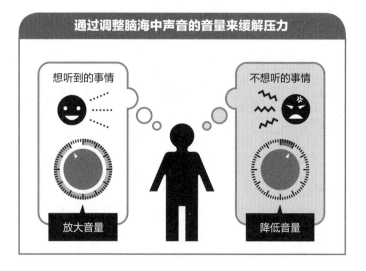

通过调整脑海中声音的音量来缓解压力

想听到的事情

不想听的事情

放大音量

降低音量

 健康笔记

没能当场反击而产生的懊悔和愤怒可以写到纸上

如果因为没能当场反击而感到懊悔、愤怒，就试着将那份心情用纸笔写出来，写完后撕碎扔掉。这样，情绪得以发泄，坏情绪也将随之消失，既能身心舒畅，又能不破坏人际关系，可谓一石二鸟之举。

对方若是不讲理，可以设身处地转变思维

关键点： 转变思维

改变不了就平静接受也是一种制胜策略

生气了会立刻发泄怒火的上司，将功劳归于自己、失败归于他人的同事……每个人的性格都各不相同。不过，不论是多么过分的态度和行为，如果只想着要改变对方，自己的压力只会越来越大。人不是那么容易就能改变的生物，比起改变别人，转变自己的想法能够更快、更有效地解决问题。

为此，有效的方法是尽情地想象自己讨厌的那个人所处的"糟糕"情境，比如对方是因为遭受了极不合理的对待后才生气并发泄怒火，或比如"他在家里没有地位，也有可能被家人冷眼对待""有可能是被总公司的人一直唠唠叨叨地骂个不停，压力太大了"等各种情况。当然我们并不知道事情的真相，但是不知道也没有关系。通过这种方式，自己糟糕的心情会得到缓解，对对方也会产生同情。"转变思维"非常重要，只要不被对方情绪和言行所影响，就不会积下过多的压力。

 健康笔记

很多人恶语伤人后自己就忘了

很多人都被上司或长辈的言论中伤过。不过，这种情况大多数是"情绪化言语发泄"的结果，他们本身可能并没有什么恶意，而且经常说完就忘了。对于这些言论过于在意，受伤害的只有自己，因此有必要早点学会转换思维。

顺从的态度可能会让人越来越生气？
学习一下待人接物的"套路"

关键点：　待人接物

对方的反应会影响自己的态度和做法

精神科医生艾瑞克·伯恩将人际关系中个人会如何切换自己的状态来应对对方的反应的模式理论化，并将其命名为"人际反应"。根据该理论，艾瑞克·伯恩提出了"沟通分析疗法"，即通过切换自己的反应状态，对方也有可能会改变对自己的反应。艾瑞克·伯恩将"自己的状态"分成5种类型，然后对如何诱发每种状态进行了说明。

比如，自己对对方进行了严厉批评（CP），那么对方适应性顺从或是反抗（AC）的可能性会很高。当自己温柔耐心（NP）地进行交流时，对方也会尽可能地展现出自己柔和的一面（FC）。自己冷静沉着（A）地进行谈话时，对方一般也会冷静沉着（A）地回应自己。自己在对方面前展现出自己真正的天真烂漫（FC）的一面时，能够激发出对方温柔（NP）的一面（也有对方也变得天真烂漫的情况）。

那么，自己如果是顺从（AC）的态度时会发生什

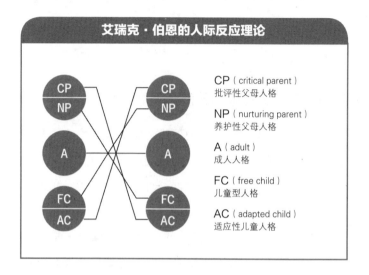

么？实际上，可能会诱发出对方的批评的态度（CP）。

以一个典型案例为例，当对方向自己发火时，自己可能就会弓着腰、头向前伸，或是说着"好的，好的"，一直附和着对方。如果能够意识到自己经常是这样的反应，并且自己经常是被发火的对象的时候，可以调整下自己的状态并分析自己的现状；当自己能够清晰表达并把话完整地说完的时候，对方也会冷静（A）下来，并且应该也不会乱发脾气了。

提前在大脑中召开"战略会议"，有助于构建理想的人际关系

关键点： **人际关系模拟**

在脑海中模拟与对方相处的最佳状态

遇到不擅长应付的人、担心人际关系的时候，自己也可能会无意中向对方传递出错误的信息。但是，对于不擅长的事物即便想要努力，作用也可能是有限的。到底怎样做才是正确的呢？

想要构建自己理想的人际关系，一个简单的方法就是在自己的脑海中召开"战略会议"。想象当天要遇到的人，怎样处理和那个人的关系，描绘出为了实现这一理想关系具体需要做的事情。比如，和对方合作取得项目成果；和团队的成员们一起努力工作；能够笑着和上司交流等。同时还要明确的是，为了实现自己的目标需要做什么、不可以做什么。如让自己与对方见面时首先要带着微笑打招呼，听完对方的问题之后给予正向的反馈等。通过这种方式抑制自己下意识的反应，有意识地控制那个无意识的自己，以此来构筑理想的人际关系，从而实现改善人际关系的目的。

健康笔记

出门前十分钟整理提包，给大脑醒神

　　不管是在家还是在公司，都可以尝试利用好出门前的10分钟整理提包里的东西。迅速判断什么东西不需要、什么东西需要的过程能够让大脑清醒，此法可以与脑内"战略会议"配套进行。

电子时代，更要提倡手写！手写能锻炼大脑，减少压力

关键点： **手写**

手写能够锻炼大脑，减少压力

如果能够经常保持大脑清醒，工作效率会得到大幅度提升，工作不拖延时压力也很难积累，也可以有更多的时间去放松心情。可话虽如此，很多人还是会忙到无暇顾及大脑的训练，此时，可以在工作当中有意识地采取"手写"的记录方式。

现代社会，很多人的日程表和笔记是用电脑、手机来做记录，实际上用电脑、手机打字需要的动作是固定的，基本上锻炼不到大脑。而使用钢笔或铅笔做笔记的时候，手的动作会发生细微的变化，如施加给笔的力度强弱不同，动笔的时候需要注意到各方面的事情，也会注意区分阿拉伯数字、汉字等的使用，这样就能够使大脑得到锻炼。

参加会议的时候，可以带上一个笔记本。谁讲了话，内容是什么，将听到的内容正确又迅速地记录下来，这种方式在工作的同时也能锻炼大脑，请务必试试。

 健康笔记

练习书法也有安心凝神的作用

感到心绪不宁的时候，可试着用毛笔练习书法。书写时注意落笔、运笔等，自然而然就能定心。在没有毛笔的情况下也可以用钢笔或铅笔练习书法。

多想一些解决问题的办法，快速缓解压力吧！

写下来就能够发现解决问题的途径

一直想着问题和担心的事情会产生巨大的压力。试着问自己"怎样做才能解决问题呢？"，有助于推动问题的解决，但只凭想象往往会变成来回兜圈子。在纸上把解决办法写下来，能够构思出更有用的办法。

行动习惯专家佐藤传通过"九宫格笔记"想出了许许多多的办法。在九宫格的正中间写上想要解决的问题，周围的八个格子分别写上解决的办法。据佐藤传介绍，通过分条写出来的办法一般最多只有三个，而使用九宫格，人们会因为想要填满剩下的格子而想出更多的办法。并且，按照下→左→上→右的顺序进行书写，相邻的办法能够提供新的灵感，从而让人能够轻易地想出新的办法。

将问题的解决方法写下来，客观地思考自己做什么会更好，也是"九宫格笔记"的优势所在，并且"从能做到的事情开始做起"这样的想法也会经常出现。

解决问题，办法爆棚的"九宫格笔记"

不做应该留到明天做的事情	分辨哪些是能够交给别人的工作	入职后制订计划
设定所有工作任务的截止日期	**怎么做才能不加班，早点回家？**	早上早到公司30分钟
向从不加班的同事学习	贯彻向上级汇报、联络、商谈的行动方针	早上6点起床

 健康笔记

把"应做的事情"当作"想做的事情"会更好

　　一想到今天一天要处理的事情是"应做的事情"的时候，就会有种被迫感，从而产生压力。与其这样，不如改变自己的想法，将要处理的事情认为是"想做的事情"。这样一来状态就会变好，也会更有干劲。

调整好姿势，心态也会随之改变？
立马就能做到的心态改变

一直往前看，心态也会变得积极向上

姿势和心理的关系非常密切。比如说，低头会使自己处于弓背的状态；为了不被骂、为了显得不起眼而屏息的时候，自然就会变成这种姿势。实际上，保持着弓背垂头、视线落在地板上的姿势，是很难积极向上、感到快乐的；相反，挺直腰板、视线朝前，就会很难再继续想一些令人烦恼的事情了。

也就是说，改变姿势能够改变自己的心态。感到烦恼、压力很大的时候先接受压力，然后再解决问题，这确实是一种好方法，如果能先端正姿势，试着扬起脸朝前看，效果会更好。不仅是坐着的时候，站着、走路的时候也同样如此。走路的时候试着稍微用点大腿的力气，使自己走起路来英姿飒爽一点，这样就更容易变得积极向上。有了积极的心态，面对压力也会积极地采取对策。

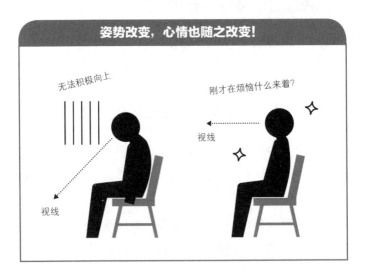

姿势改变，心情也随之改变！

无法积极向上

刚才在烦恼什么来着?

视线

视线

 健康笔记

长期使用电脑会使人姿势变差，加重肩膀和腰的负担

很多人在使用电脑的时候，上半身会向前弯曲或是背靠在椅子上。然而，这两种姿势都会而给肩膀和腰带来不小的负担，应尽量避免一直保持这两种姿势。

肩酸腰痛会导致工作效率降低30%

以办公室工作为主的人们，一天大多时候都是在电脑前度过。长时间保持上半身向前弯曲或背靠在椅子上的姿势，会对健康造成很大影响。其中，很多人经常会苦于肩酸腰痛，肩酸还会引起慢性头痛，进一步加重压力。

"健康日本21"推进论坛在2013年进行的"关于疾病症状对工作生产力产生的影响"的调查中，出现了很有意思的结果——如果将健康状态下的工作表现定为满分100分，让被调查者给自己在不适状态下的工作表现打分，肩酸腰痛时的工作表现平均为70分；并且，干劲和注意力甚至下降到65分，交流能力也只有73分。由此可知，肩酸腰痛会导致工作效率下降30%左右，很多人都意识到了这是一个很大的问题。

有一个简单的改善肩酸腰痛的方法就是改变使用电脑的方法。首先，在显示屏的下方垫一些书或放上支架，将显示屏抬高到与视线平齐的位置，显示器最上方和视线一样高是理想的状态。

此外，将键盘放在膝盖的上方使键盘与桌面的角度不小于90°也是关键的一点。键盘放在桌子上，使用时手腕和肩膀都要抬起来，很容易疲劳。将键盘放在膝盖上方的位置，手腕和肩膀就会向下，让人能够以更加自然的体态姿势开展工作。

　　保持上述这些姿势使用电脑能够缓解因使用电脑时姿势不当导致的肩酸腰痛，也能够提高注意力，从而极大地提高工作效率。

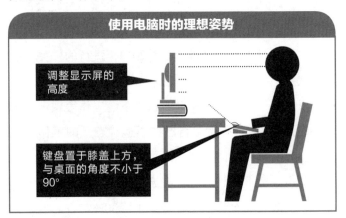

使用电脑时的理想姿势

调整显示屏的高度

键盘置于膝盖上方，与桌面的角度不小于90°

健康笔记

眼疲劳会导致疲惫、引发头痛，介绍一个缓解眼疲劳的小妙招

　　眼睛持续疲劳的情况下，不只眼睛会有不适的症状，头痛、肩颈酸痛等症状也会出现。现代社会视觉信息层出不穷，常常让我们的眼睛处于过劳状态，要想缓解眼疲劳，可以在专注用眼20分钟后看远处20秒。

久坐增加死亡风险，
工作当中也要定期起来走一走

关键点： 久坐的危害

平时会做运动也不会明显降低因久坐而增加的死亡风险

虽然有点突然，但还是想问你一天当中大概要在椅子上坐几个小时呢？根据某项调查，现代人白天一般有9.3小时都是坐在椅子上度过。南卡罗来纳大学的研究表明，坐着的时间越长，因患心脏病而死亡的风险也就越高。即便平时会做运动，但坐着的时间太长，死亡的风险也还是很高。一项悉尼大学的调查也表明，平均一天当中累计坐11小时以上的人，即便平时会做运动，3年内死亡的风险也比坐的时间较短的人高40%。

为什么久坐会导致死亡风险较高呢？密苏里大学哥伦比亚校区的麦克·汉密尔顿教授表示，坐着的时候，与脂肪的燃烧相关的脂蛋白脂肪酶（LPL）会停止活动。这一种酶存在于肌肉中，如果长时间坐着，肌肉会萎缩，这种酶的活性也会降低，结果就会导致新陈代谢缓慢，患上肥胖症和糖尿病的风险增高。所以，即便是在工作中也要时不时起来走一走，锻炼一下腿部的肌肉。

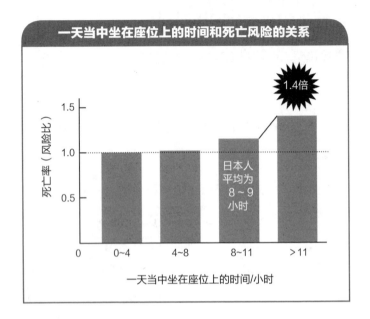

 健康笔记

站着读书，且边画线边读可以提高注意力

　　印象中读书都是坐着，但站着读其实更有助于注意力的提升。并且，读到重要内容的时候还可以画线，有意识地进行这种"画线阅读"能够提高注意力，理解能力也会随之提高。读书时容易睡着的人一定要尝试一下。

心绪不宁的时候可以打扫房间，使压力瞬间清零

关键点： 通过整理重置心情

打扫房间既能保持房间整洁又能缓解压力

有压力的时候不要一直烦恼，可以试试将注意力放在房间的整理和打扫上。如将不要的书捆起来送到垃圾站，清洁洗脸台和浴室等。做这些事会产生一定的运动量，有助于身体合成被称为"年轻激素"的β内啡肽，它具有缓解压力，甚至将压力清零的效果。遇到烦心事通过运动来缓解的人可谓是巧妙地利用了这一点。

改变室内布局、整理抽屉等工作能起到锻炼大脑的作用。打扫房间一边清除了压力，一边使大脑变得更加灵活，并且，房间也变得越来越干净，这样烦恼的人很快就可以从郁郁寡欢的状态中脱离出来。

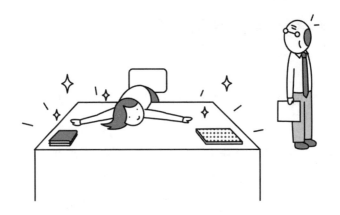

健康笔记

> **听音乐能够扫除忧郁心情，达到解闷舒心的效果**

听音乐的时候大脑会释放被叫作"快乐激素"的多巴胺，能够产生清除忧虑情绪、解闷舒心的效果。可以利用通勤时间听一听喜欢的音乐，也可以自己弹奏乐器，都会产生很好的解压效果。

通过转动眼球让大脑不再感到疲劳

关键点： 眼球运动

想要转换心情，不妨动动眼球

如果被上司挖苦的事一直在脑海当中循环而感到难过，或被恋人的行为中伤而一直闷闷不乐，这时候可以试一试"眼球运动"。

首先，竖着伸出一根手指到眼球的高度，然后慢慢左右移动，循环往复3次并用眼球追踪；继续移动手指从右上到左下，再从左上到右下，分别循环往复3次并用眼球追踪。

外出等候时，如果不方便动手，只需要动眼球也可以达到解压效果。转动眼球30秒以上就应该能够慢慢感觉心情变好。

可以说转动眼球具有激活大脑功能的作用，只是现在的人们经常看电脑和手机，很少有主动转动眼球的意识。想要转换心情，不妨试一试。

舒缓心情的"眼球运动"

1

把手指放到眼球的高度。

2

缓慢左右移动手指并用眼球追踪，然后从右上到左下，再从左上到右下，如此循环往复3次，每次都移动手指，用眼球追踪。

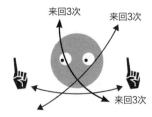

来回3次 来回3次

来回3次

 健康笔记

锻炼眼睛的自动聚焦功能，以助于大脑缓解疲劳

受手机和电脑普及的影响，人们的眼睛常常得不到很好的锻炼。如果想要有意识地锻炼眼睛的聚焦功能，以助于恢复疲倦的大脑，可以先凭窗远眺，然后凝视近处的东西。

怯懦会产生压力激素，
通过"打气姿势"改变自己吧！

关键点： **打气姿势**

有气无力的姿势会导致压力激增

在等待面试或在等待和客户商谈的时候，你会是什么样的姿势呢？如果不是大大方方的姿态，而是不自觉地蜷缩自己的身体，就会感觉充满了压力。不过，只要改变姿势，体内与干劲和自信相关的激素就会增加。

哈佛大学的教授艾米·卡迪博士介绍，舒展肢体，张开手臂和手掌，保持2分钟这种开放性的姿势，与干劲和自信相关的雄性激素如睾酮的分泌就会增加。相反，调整胳膊和腿脚，保持2分钟蜷缩的姿势，压力激素中的皮质醇会增加，睾酮会减少。艾米·卡迪博士把前者叫作"元气满满的姿势"，把后者叫作"有气无力的姿势"。

即将面临重要场合的时候，大多数人容易采取蜷缩的姿势。但在这种时候只要保持大大方方的舒展姿势，不知不觉中自信就会迸发出来。所以，在面临重要场合的时候可以采用"元气满满的姿势"来增强信心。

"元气满满的姿势"和"有气无力的姿势"

带来干劲和自信的元气满满的姿势

很好，开干！

招致怯懦的有气无力的姿势

哈……

 健康笔记

压力一大堆？一口气消解它们！

感到压力的时候身体容易变得僵硬，此时可以全身保持用力10秒左右再卸下所有力气，这样能够很容易感受到解脱感。好好体会身心放松的感觉效果会更佳。

转变想法来缓解"不眠不休的压力"，"工作狂"的休息法

关键点： **调节周末状态**

"明明是周末却还有工作"这么想只会让自己更难受

虽然知道要灵活切换"开关"进行适度的休息，但很多人都做不到这样。如果此时，一直被"今天周末也要上班呀""已经很久没休息过了"这种消极的想法左右，压力只会越来越大，工作效率也很难提高。

面对这种情况，可以在周六的上午工作，下午休息，从周日的傍晚开始就做周一的准备工作等。分配好时间进行工作，之后进入休养状态，多多留意身体的健康状况。

此时重要的是把想法转变为"下午开始就完全放下工作""休息到傍晚"，将关注点放在休息上，积极地进行思考，这比起"周末毁了"等消极想法，还算积极向上。

即便是忙到不行，半天或几个小时的空闲时间，很多人还是能够确保的。如果确实没有一个完整的休息日，那么只要能够积极地在一周内留出纯粹的休息时间，压力也能大幅度减少。

周六

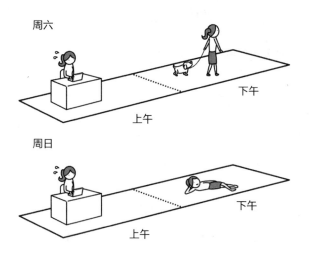

下午

上午

周日

下午

上午

 健康笔记

避免"节后综合征"的办法

在休息日好好放松非常重要，然而如果太过放纵，很可能引发"节后综合征"，平时规律作息等养成的良好习惯也可能被打乱。休息日的最后一天晚上可以读一读与工作相关的书籍，看一看文件资料。总之，我们可以做一些和工作相关的事情，避免"节后综合征"的出现。

陷入消极情绪无法自拔的时候，做做运动就能解决

关键点： 用运动来舒缓情绪

与其一直胡思乱想，不如做会儿运动

不管怎样都无法从消极情绪中脱离出来的时候，很多人都会提不起精神，只会呆坐在那里。从压力管理的角度来看，这种做法只会适得其反。消极的情绪徘徊、充斥在心底，百害而无一利。从脑科学的角度来看，对脑中特定的部位不断施压，不仅无法激活大脑，而且会带来较大的负担。

要想将自己从螺旋式上升的负面情绪中挣脱出来，运动是非常有效的。运动的时候身体能够生成β内啡肽，这种别名"年轻激素"的神经递质，能够提升幸福感，缓解生理和精神上的压力。

至于运动类型，只要是自己喜欢且擅长的，什么类型都可以。可以是慢跑，做有氧操、健身操等有氧运动。

如果想要更轻松地取得这样的效果，可以试着什么都不要想，步行10~15分钟，回来的时候大脑会非常清醒畅快。

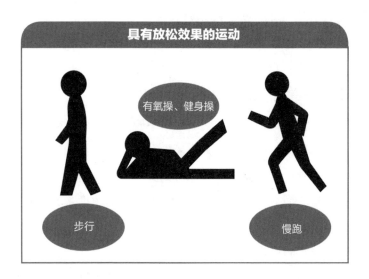

具有放松效果的运动

有氧操、健身操

步行

慢跑

健康笔记

与其掩盖消极情绪，不如积极转换心情

装作忽视消极情绪，反而会不自觉地把事情再想一遍，而转换心情则更有助于事情的解决。如在工作压力大的时候，可以做做运动，可以步行回家，这样能够很好地缓解压力。

想要成为更好的自己，可以模仿崇敬的对象

试着模仿能人的言行

"想成为这样的自己""想自己能够做成这件事"，有时，即便有这样的愿望也还是做不好。此时不妨试一试"模仿榜样"的方法。具体而言就是"沉浸式体验"——行动的时候把自己想象为自己崇拜和尊敬的人。

比如，当想要在工作上取得更好的成绩时，就将和这个愿望最接近的优秀的同事、前辈、上司作为榜样。想象这个人与客户顺利对接时，是如何以值得别人信赖的样子进行推销的。

接下来，自己进入设定的榜样的角色当中，想象自己和榜样一样大大方方行动的模样，假设对方会出现怎样的反应，以及自己的感受会怎样变化。

想象自己完全成为榜样顺利开展业务的场景，在实际工作中也要完全把自己当作榜样行动。使用沉浸式体验的方法，可以突破自己给自己设定的限制，这种理想又健康的想象也有助于打破自己的窠臼。

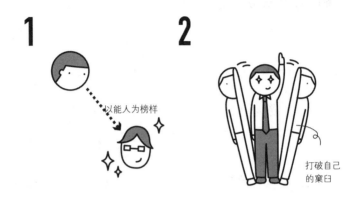

1

以能人为榜样

2

打破自己
的窠臼

🔓 **健康笔记**

模仿的榜样过于厉害反而适得其反

模仿的对象和自己之间存在适当的差距会
更有效果。若是将特别厉害的企业家作为自己模
仿的对象，容易出现"我不可能成为那么厉害的
人"的消极想法，反而适得其反。

遇到上司职场霸凌自己该怎么办？
忍无可忍的时候可以把对话记录下来

关键点： 职场霸凌

首先试着了解，实在不行就记录下来

在职场中感到压力的最主要的原因之一在于人际关系。据日本厚生劳动省的调查结果显示，与上司的关系是最大的职场压力来源。不论从事着怎样意义重大的工作，与缺乏信任、职场霸凌的上司在一起工作是会很辛苦的。很多人会因此不断积累压力，甚至最终导致辞职。

即便自己有能力挑选工作，但也没办法挑选上司，因为这是不能控制的事情。同时，因为不能绕开上司开展工作，所以有时候会不小心显露出"太讨厌了""不想待在一起"等厌恶的态度和表情，进而可能导致与上司之间的关系更加恶化。

这种情况下，首先试着和上司认认真真地交谈，说不定能看到其好的一面。

倘若实在是没法接受上司，也忍受不了其霸凌行为，可以将上司的言论通过录音、做笔记的方式留存。将这些证据出示给自己信任的第三个人并商量对策，就能够得到更加客观的评价和建议。

即便是合不来的上司也要先试着了解

你这个"工资小偷"！

上司

因为上司是不会换的，所以先试着了解一下，看能否改变自己的想法吧！

但是，在无论如何都合不来的情况下，

做记录留好职场霸凌和精神霸凌的证据，告诉自己信任的第三个人并商量对策。

 心理健康笔记

要格外注意传播负能量的上司

暴躁、发泄情绪类型的上司固然很棘手，但爱传播负能量的上司也让人很难受，只要发现了就要尽可能地与其保持距离。

压力超过自己的容量时，要格外注意适应障碍和抑郁症

关键点： 适应障碍

压力超过容量会降低应对能力

抑郁等心理疾病并不罕见，谁都有可能患上。其中最常见的是，压力超过应对能力（即容量）后出现的"适应障碍"，即在健康的状态下可以应对的事情，在持续疲劳或是睡眠不足的情况下会无法应对。

在压力只存在1~2周这种情况下，通过释放压力激素，大脑和身体的活动性提高，克服困难也许并不难。但如果长期如此，压力激素会对脑神经产生危害，导致神经细胞萎缩和死亡，神经递质也开始枯竭。此时，如果压力超过一定范围，大脑的活跃程度和身体的活动性就会逐渐降低。

此时，即便有事要处理也应该先好好休息和放松一下。如果抗压的容量已经不够，还熬夜看电视、上网，会导致容量加速消耗。依赖网络的人更容易患上抑郁症的原因就在于此。

"抑郁症"和"适应障碍"是相似却不同的心理疾病

将压力堆积比作重量、将抑郁这一症状的程度比作弹簧

抑郁症

弹簧随着重量的增加拉伸至极限，即使没了重量，弹簧也不会回缩。

适应障碍

弹簧随着重量的增加一直拉伸，重量消失，弹簧回缩。

 健康笔记

适应障碍究竟是什么病？

　　适应障碍是个体在经历明显的生活改变或环境变化后产生的一种应激相关障碍，患者会对特定的状况和事件感到痛苦和强烈的忧愁，从而变得情绪低落、敏感脆弱，杞人忧天的倾向也很明显。还有人会无故缺勤、野蛮驾驶、打架斗殴，在社会生活方面出现问题。

被下属的言行左右，
觉得难以调遣的时候可以保持距离

关键点： 交往方式

作为上司，不能完全被下属左右

在职场出现的适应障碍当中，上司被下属影响的情况也开始备受关注。接下来介绍两种典型的类型及其应对方法。

其中一种类型是反抗型、挑战型下属。这类下属自尊心强，不仅想和上司竞争，而且被训斥的时候经常认为自己是受害者。明明是自己的错还到处宣称受到了职场霸凌，这样的人不少。

对于这样的下属，想要用职权让他顺从往往会是以失败告终。不如直接询问下属本人的意见和想法，并表示相互理解会更好。此外，委派任务时应尽可能地减少口舌上的摩擦。

另一种就是依赖型下属。这类下属对上司抱有强烈的尊敬和信赖之心，虽然这是个好现象，但尊敬之情有时可能会变得盲目，而过度的理想化的投射有可能变成更复杂的感情。这种类型的下属在幻想破灭之后还可能会转变成攻击和批评型，所以一定要注意不要与其走得太近。

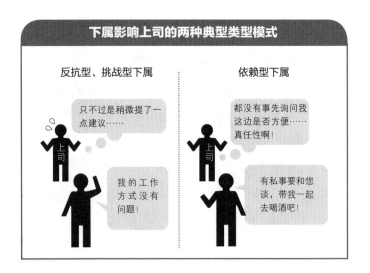

 健康笔记

主体性受到侵害的时候有可能引起适应障碍

随心所欲的生活受到妨碍、主体性受到侵害的时候可能会导致适应障碍。此时，活力、积极性、对事物的热情和兴趣会逐渐消失，然后一直处于只能感受到时间在流逝的消极情绪当中。

比普通员工压力还要大？
为守护自己的初心，中间管理层必备的特质

关键点： 中间管理层

中间管理层不管怎样，第一重要的是随机应变、灵活应对

中间管理层承受的压力与其他岗位相比有质的不同，对此美国从20世纪60年代开始就积极开展了研究。对中间管理层来说，只要是经过考量决定的事情，出现问题时不仅要考虑上司，也要考虑下属的立场。处于下属立场的人会将不满的矛头对准中间管理层，还会向中间管理层提出难度较高的要求；上司也容易将矛头对准中间管理层。中间管理层因为受到利益和方针的驱使，常试图发挥自己的才干以协调上司和下属之间的关系，在不知不觉中压力变大，身心健康也可能受损。

对中间管理层来说，最重要的是随机应变、灵活应对。随着年龄的增长，中间管理层的头脑可能变得固执，束缚于过去的成功经验而无法迈出新的一步。如果不能随机应变、不够灵活，就会和周围的人产生不必要的摩擦，压力也会增加。中间管理层可以试着打开自己的内心和年轻人对话，接收新的思想。

夹在中间的中间管理层

位于上司和下属之间，并承担制订目标、管理和汇报职责的中间管理层，需要同时对上司和下属负责，是公司里"不讨好"的职位。

"利润不怎样啊……"

上司

"会努力达成销售目标的！"

中间管理层

"必须要达成这项指标！"

"好嘞！"

下属

 健康笔记

中间管理层是一群孤独的人，但也要试着让自己适应

不能抱怨、找不到压力发泄口的中间管理层是孤独的，其中甚至有人因压力误入酗酒、赌博之途。这种依赖性应对方式是歧途，中间管理层可以多学习成功者在这方面的经验，试着让自己适应。

先解决问题，而不是归责！
转变思维方式，将失败作为成功之母

关键点： 自责思维、他责思维

既不责怪自己也不迁怒他人的思维方式

工作中失败时常有，可以将失败当作自己掌控思考能力或感情的试炼场，但是压力也因此非常容易产生，负面想法也容易出现，有不少人都无法控制自己使自己冷静下来。

工作失败时，经常出现的思维方式是过分去想"全都是自己不好"的这种"自责思维"类型。习惯性有这种思维的人非常容易陷入无助和过度的低落情绪之中。与之相对的是"是那个人不好"这种责怪他人的"他责思维"类型，这类思维不仅对解决问题没有帮助，更糟的是还会使人际关系出现裂缝。

虽然明确责任所在是很重要的事，但是"明明就是这个人不对嘛"这种认知会把情绪的靶子锁定在某个人身上，而过于沉迷于找出肇事者就会忽视了应优先解决问题的本质。不要对自己或他人进行过多评判，要把精力放在问题本身："是哪里出错了？"这样想才能找出失败的原因，继而找到更加合理并且便于实践的方法以解决导致失败的问题，并尽可能地避免再次发生这类问题。

"自责思维"和"他责思维"思维方式的区别

工作中出现失误的时候

自责	他责
疏于检查了，是我的问题……	是撒手不管的上司和前辈的问题！
没有掌握正确的做法，是我的问题……	是工作环境的问题，都不提供业务说明！

健康笔记

更受欢迎的失败类型叫作"知识型失败"

　　哈佛大学商学院的艾米·爱德蒙逊教授将失败分为"可避免型失败""不可避免型失败""知识型失败"。有调查发现，创新型挑战受挫产生的"知识型失败"更受欢迎。

通过改变动力的存储方式，
将所有压力转变成快乐

关键点： 问题回避型、目标导向型

好的动力和坏的动力的区别是什么

工作中，有时会有严格的指标和截止日期。那么，怎么做能够尽可能无压力地工作呢？关键在于动力的类型。

动力分为"问题回避型"和"目标导向型"两种。前者为伴有"无法达成指标会惹上司生气""反正都会被炒鱿鱼"这样的想法而产生的动力，但也常常伴有恐惧感。后者想的是"指标达成后奖金也会增加""被夸了多酷呀"，会将自己的注意力放在目标的达成上，进而产生努力的动力。

问题回避型动力规避了担忧的事情的同时也导致做事的劲头消退；目标导向型动力则能够帮助人们保持良好的身心状况以从事工作。显然目标导向型动力比问题回避型动力更佳。

为此，在面对工作目标的时候可着眼于前方会出现的美事，如抱有"会有什么好事等着我呢？""怎么才能变得幸福起来呢？"等想法。

"问题回避型"动力和"目标导向型"动力人群的特征

问题回避型	目标导向型
● 说话的主题是逃避问题、消极的状况。 ● 谈论不符合自己期待的事，就关注于如何躲避问题。 ● 关注问题。 ● 逃避问题。 ● 摇头。 ● 忍受、逃避、消极的手势很多。	● 经常表示能够得到、达成、获取目标。 ● 关注目标和目的。 ● 积极的手势。 ● 点头。 ● 准备接受的姿态。

 健康笔记

找到工作于己而言的意义和价值，这将有助于缓解压力

工作过于忙碌的时候，很容易丢掉刚开始工作时的动力。这个时候，可以回看这份工作对自己来说有什么意义和价值，这对缓解压力很有帮助。

正向思考和负向思考的人的区别

日本京瓷和第二电信（现名KDDI）的创始人稻盛和夫将"人生和工作的结果=思维方式×热情×能力"作为成功的方程式。在撰写了多部书籍的专家佐藤传的理念中，对人们来说没有什么变化的是能力，差别在于热情，并且对是否能出成果起决定作用的是思维方式。

思维方式仅有正向和负向两种。能够进行正向思考的人能够做出正向的成果，而习惯于负向思考的人不管怎么努力，总会觉得"自己果然不行啊"。

约翰·列侬认为"所谓真正的才能，是相信自己能够做成什么"。他受全世界喜爱，创作了许多风靡至今的歌曲。不用说他肯定具备能力与热情，但最关键的还是"思维方式"成就了他的伟大事业。

如果你能先坚信"自己一定能够做到""自己绝对拥有做出某项成果的能力"，然后再行动，那么你对压力的感知也会发生变化。

如果没有拥有这种思维方式，有的人在不知不觉中就会变得怯弱起来。工作时要尽可能具体地构想未来成功的画面。对未来的构想越清晰具体，大脑释放的"快乐激素"多巴胺也就会越多，在不知不觉中，就会干劲十足起来。

健康笔记

经过不同的思考，痛苦和快乐也发生了转变

我们做事时，大脑会自动评估手头上这件事将会有多辛苦。这时，如果大脑评估的结果是"很轻松就做到了"，那么身体也会乐于行动。因此，试着将一些痛苦的、辛苦的事情想成"能够轻松做到的吧"。

如何对待自己的工作才能增加幸福指数

关键点： **工作重塑**

转变工作观念，实现幸福工作！

耶鲁大学的艾米·弗泽斯涅夫斯基博士表示，人生的满意度和幸福指数会随着人们如何看待自己的工作而改变。在艾米博士看来，工作观念可以分为3种类型。

①工作型：拥有这种观念的人们认为工作单纯就是为了吃饭和生存的一种手段，尤其钟爱周末和节假日。

②职业型：拥有这种观念的人们注重晋升和职位，希望自己的工作可以得到赏识，在竞争中获胜。虽然也会觉得工作是一种时间的浪费，但也明白工作是晋升的必要途径。

③使命召唤型：在拥有这种观念的人们看来，工作是人生当中最重要的一件事，他们目标明确，经常能够感受到工作的意义。他们不仅认为现在的工作是天职，而且来世还想从事这份工作。

哪种工作观念是正确的、必须要持有的呢？对此不能一概而论。不过毫无疑问的是，与幸福指数关联程度最高的是使命召唤型。因此，不论从事什么样的工作，都可以运用使命召唤型工作观念。

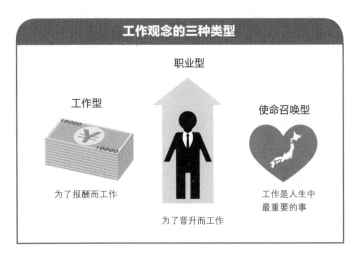

工作观念的三种类型

职业型

工作型

为了报酬而工作

为了晋升而工作

使命召唤型

工作是人生中最重要的事

健康笔记

被称为"3K"的新干线清洁工作成为有价值的工作

东日本新干线的清洁工作一直以来被视为"3K"（即辛苦、脏、危险的工作）。但是，自从清洁的定义变为"为旅客们创造美好回忆的周到服务"，清洁员变了。他们工作起来干劲儿十足，即便工作内容不在职务范围，也依然能够做到无微不至，受到了来自国内外旅客的好评。

第 4 章

坏习惯是压力之源！

掌控压力的生活习惯

　　沉迷手机、熬夜、缺乏运动等是现代人生活压力的来源？

　　开始养成一些不同以往、不积攒压力、不制造压力的生活习惯吧。

习惯改变性格，性格改变命运。

——哲学家、心理学家　威廉·詹姆斯

你的生活习惯真的没问题吗？
有些生活习惯会让你产生压力甚至生病！

关键点： 生活习惯

生活习惯其实是人的第二天性

不知为何，容易积攒压力的人尤其会通过各种生活习惯制造压力。

一般情况下，所谓的良好的生活习惯，指的是"早睡早起""规律饮食"，但实际上其中还大有文章。例如，遇事应最先考虑什么呢？这一生要如何成长发展呢？想取得什么成就？想要建立什么样的人际关系？想拥有什么样的人脉呢？容易患上什么疾病呢？生活习惯与这些问题息息相关。

乍一看，生活习惯似乎与人的心理没有直接联系。然而，让充满各种问题的生活持续下去的正是我们自己的生活习惯，从生活习惯当中能够明显看出每个人的人生观和价值观。

众所周知，高血压与盐摄入过量有关；缺乏运动和暴饮暴食可能导致糖尿病；肺癌等大多数癌症的发生都与吸烟有关。这些导致疾病的危险因素就是人们的主观行为，不断给身体施压的其实正是我们自己的生活习惯。

人们理解事物的三大方向

从"结构层面"着手 | 从"内省层面"着手 | 从"功能层面"着手

 健康笔记

以工作为中心来生活，不论是思维还是身体都只会不断衰弱！

当工作成为生活的中心、当生活变得不规律，大脑的功能就会衰退，体能也会直线下滑。倒不如将吃饭或睡眠作为生活的中心，其他时间勤勉工作，以提高工作效率。

规律生活是健康的秘诀

肥胖是现代常见的一种病。肥胖不只影响身体，还会使大脑的功能失衡。对肥胖人群大脑的调查结果显示，肥胖人群即便被告知"吃多了对身体不好，只吃八分饱就行"时，也还是会忍不住继续吃。他们对食物的冲动和行为的控制力会逐渐变差，并且血糖值高的人群的冲动行为更为显著。

这样来看，在某种意义上，肥胖、糖尿病可能与大脑功能失衡有关。当良好的生活习惯被破坏，即便想要恢复健康，此时的大脑也可能心有余而力不足了。养成良好的生活习惯，对脑力和体力都有裨益的原因就在于此。

那么，有益健康的好习惯是什么样的呢？一起来学大阪大学医学院的森本兼曩等人提倡的"八大健康习惯"吧。

①每天吃早餐。

②平均每天睡7~8小时。

③膳食均衡。

④不抽烟。

⑤定期锻炼身体。

⑥不酗酒。

⑦平均每天工作9小时以内。

⑧不承受过多压力。

在这八大习惯中，与自身情况相符的少于4条时可认定为习惯不良，有5~6条为习惯一般，有7~8条为习惯良好。你符合几条呢？后文将介绍如何坚持这些有益健康的好习惯，让你学会不会产生和积攒压力的方法。

 健康笔记

合理利用"最后期限"，避免习惯性加班

每天晚上加班，总觉得工作效率低下，原因在于没有用"最后期限"①来激活大脑，于是容易出现拖延现象，工作效率大幅降低。只要确定了"最后期限"，大脑就能高效运行，进而避免习惯性加班。

---

① 最后期限：完成目标最晚的时间。

让备受世界瞩目的正念冥想训练走进日常生活

关键点： **正念冥想训练**

入无我之境，掌控压力

为缓解压力、预防疾病，谷歌等多家公司引入了正念冥想训练，"正念"一时成为热门话题。正念冥想训练的宗旨是"活在当下，不去评价和判断过去的对错，而是将注意力放在正在经历的事情上"，其最近还被应用到医疗领域，受到全世界的关注。正念冥想训练能够逐一改善人们的呼吸、体态、睡眠和饮食等日常行为习惯。

若想在生活中保持"正念"，让大脑减少疲倦，可以尝试这样度过理想的一天。

首先，早上要按时起床。若想顺利早起，就和能够促进新陈代谢、升高血糖、唤醒睡意的激素交个朋友吧！休息日也尽量在同一时间起床，以便保持稳定的生物钟。早餐必须要吃，否则当大脑感受到饥饿时，人易在午饭期间摄入过量，导致肥胖风险增高。

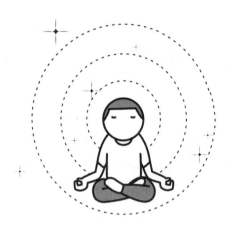

 健康笔记

保持"正念"，有助于解决问题

掌握保持正念的方法，将精力集中在眼前遇到的问题上来应对问题，是行之有效的。

这样度过一天吧！

到了公司，可以坐在自己的工位上挺直腰板，做缓慢的深呼吸。用鼻子吸气5秒，再用嘴巴或鼻子缓慢呼气10~15秒，有意识地延长呼气的时间。这样做能促进5-羟色胺分泌，减轻压力，平稳情绪。用2~3分钟的时间调整好呼吸，将大幅提高工作效率。

避免边看电脑或手机边进食的"分心午餐"。边看边吃会让味觉变得迟钝，咀嚼次数减少，从而偏离正念状态。

用完午餐回到工位时，要和早上一样调整呼吸和体态。很多人一整个下午都会在工位上专心工作，不过，用完午餐后要尽量留出0.5~1小时的时间用来散步。

午饭过后感到倦意来袭的时候可以打个盹儿休息一下。如果强忍睡意继续工作，下降的思考能力将影响工作状态。即便只是在工位上找一个舒服的姿势眯一会儿也有出奇的效果。

晚上睡个好觉。晚饭尽量在距离睡觉时间2小时前解决，确保睡前胃没有处于工作状态。

睡眠激素褪黑素的分泌会受到强光的影响，要尽量避免在强光下休息。睡前1小时可以泡个澡、做个轻柔的按摩。睡觉的时候体温开始下降，此时大脑容易感到倦意。

引入正念的一天

早上的习惯
- 每天按时起床
- 晒太阳
- 吃早餐
- 活动身体

上午的习惯
- 步行上班
- 在工位做深呼吸,挺直腰板

午餐的习惯
- 选择低升糖指数(GI)的套餐
- 按照沙拉→蛋白质→糖的顺序进食
- 杜绝"分心午餐"

下午的习惯
- 做3~5分钟的正念冥想训练
- 不要久坐
- 喝水
- 打盹儿
- 适当吃些零食
- 做肩部按摩

晚上的习惯
- 自己做饭
- 晚餐要细嚼慢咽,在距离睡觉时间2小时前解决
- 不在强光下睡觉
- 睡前1小时泡个澡、做个轻柔按摩
- 每天提前定好睡觉时间

"早起的鸟儿有虫吃"此言不虚，沐浴着晨光促进5–羟色胺的释放

关键点： 5–羟色胺

起床后拉开窗帘促进大量5–羟色胺释放

5–羟色胺是一种重要的神经递质，能够调整机体活动，具有安定身心、平稳情绪的功效。早上起来沐浴晨光，等同于打开释放5–羟色胺的开关。早上起床拉开窗帘，5–羟色胺就开始分泌，我们身体的各种机能恢复"活力"。

起床后，可以到户外悠闲地散散步，做做运动。激活5–羟色胺的关键是让光线进入视网膜，其他部位可以涂些防晒霜遮挡紫外线。让光线进入视网膜不代表要直视太阳，只要晒着阳光，能感到光亮就行。千万不要尝试直视太阳，会引起眼部不适。

晒太阳最长时间不要超过30分钟。特别是在盛夏时节，光线过强会导致压力和疲劳，夏季可以缩短晒太阳的时间，在室内拉开窗帘就行。

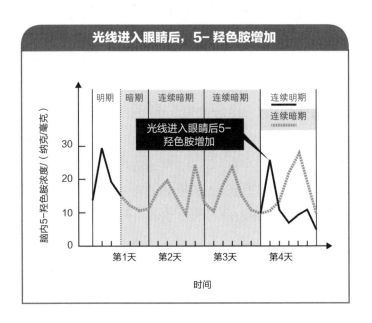

光线进入眼睛后，5-羟色胺增加

光线进入眼睛后5-羟色胺增加

（图中坐标）脑内5-羟色胺浓度／（纳克/毫克）

明期　暗期　连续暗期　连续暗期　连续明期　连续暗期

30　20　10　0

第1天　第2天　第3天　第4天

时间

健康笔记

荧光灯的光亮无法促进5-羟色胺释放

不是所有的光亮都能促进5-羟色胺释放。促进5-羟色胺释放需要2 500～3 000勒克斯的光线，而荧光灯发出的光的光照强度仅有100～200勒克斯，所以无法促进5-羟色胺释放。

这样的生活方式无法促进5-羟色胺释放！要努力汲取阳光

关键点： 让生活充满阳光

面向"没时间晒太阳！"人群的生活秘籍

早上起床后晒太阳能够促进5-羟色胺释放，调整体内节律，使身体转换为活动模式。

度过早上的方式因人而异，可以沐浴着晨光做瑜伽、晾晒衣服和被褥，也可以在阳台吃早餐，优雅又从容。通勤路上步行一站的距离，就能让大脑精力充沛。家里如果有小孩，可以一起去公园走走。

不过以上这些，很多人都会觉得"做不到"。睡到快迟到，来不及拉窗帘就要赶去车站，然后匆匆忙忙来到公司。这样的生活方式确实难以充分晒到太阳。宅在家里做家务、照看孩子的主妇们更要格外注意。

与其勉强挤出时间，不如干脆早起1小时；晚上9点以后大脑的清醒程度下降，不如放弃加班早点回家。

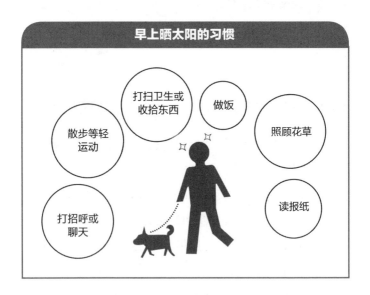

早上晒太阳的习惯

散步等轻运动

打扫卫生或收拾东西

做饭

照顾花草

读报纸

打招呼或聊天

 健康笔记

日式住宅促进5-羟色胺释放的理想环境

日式住宅是开放的，分隔空间的推拉门不会阻挡阳光的照射；有推拉门和苇帘，也不用担心光线过强会增加压力。因此，日式住宅有助于晒太阳，促进5-羟色胺释放。

除了阳光，节律运动也能够促进 5-羟色胺释放！

关键点： 节律运动

让散步和慢跑走进生活！

阳光是促进5-羟色胺释放不可或缺的重要因素，若再加上"节律运动"，则能够更加有效地促进5-羟色胺释放。

所谓节律运动，即按照一定的节律反复做收紧和放松肌肉的运动，散步、慢跑、骑行、跳舞等均属于这类运动。节律运动不需要太剧烈，可以选择强度适合自己的运动类型，最少坚持3个月。不要选择困难和无法适应的运动类型，否则会带来压力。"这个好像能做到"，可以选择带来这种感受的运动类型。

节律运动可以在早上做也可以在晚上做，早晚都做就再好不过了。早上的节律运动具有让大脑清醒、精力充沛的效果。

需要注意的是，注意力集中是促进5-羟色胺释放的重要条件。散步的时候，闲聊等"分心行为"会影响散步促进5-羟色胺释放的作用。所以要保持沉默，专注运动，避免"分心运动"。

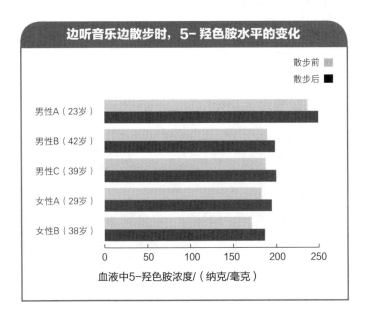

边听音乐边散步时，5-羟色胺水平的变化

散步前 ▨
散步后 ■

男性A（23岁）
男性B（42岁）
男性C（39岁）
女性A（29岁）
女性B（38岁）

0　50　100　150　200　250

血液中5-羟色胺浓度/（纳克/毫克）

健康笔记

听这些音乐的时候，"分心运动"仍能起到一定作用

　　几乎所有的"分心运动"都无法促进5-羟色胺释放。不过若是没有歌词、旋律简单的中速音乐，可以让大脑集中于节奏、意识集中于运动。听这样的音乐对促进5-羟色胺释放有一定作用。

散步是节律运动之王，能促使5-羟色胺大量分泌！

关键点： 散步方法

早上第一件事就是散步

有时不必特意去做运动，日常动作当中有很多节律运动。散步是男女老少皆适宜的节律运动。然而现代社会里，人们很少有机会能做散步等节律运动，与之相对应的是5-羟色胺的分泌也越来越少。可以多做能够有效增加5-羟色胺的散步等运动。

从增加5-羟色胺的角度来看，仅仅随心所欲地散步效果是不够的，还需花费20～30分钟的时间将注意力集中在走路这件事上。可以比平时走得快些，保持10分钟走1 000米的速度。

散步的时间尽量选择在早晨醒来的时候，在起床后马上看电视这种行为发生之前做一做节律运动，能够有效提高5-羟色胺水平。不过，劳累的时候会减弱激活效果，因此要注意适量运动。

路线的选择也很重要，走在大街上，注意力经常被广告和旁人吸引，意识变得散漫，不利于促进5-羟色胺释放。可以选择去没有车辆的公园、附近常走的马路，或是没有障碍物的河堤。

散步

健康笔记

有氧运动不行，草裙舞、日本盂兰盆舞却可以提高5-羟色胺水平，这是为什么呢？

有氧运动的动作复杂，需要动用左脑，与5-羟色胺的分泌无关；并且有氧运动的动作幅度较大，会增加身体的压力。草裙舞和日本盂兰盆舞的动作简单、幅度较小，具有提高5-羟色胺水平的良好效果。

在与人或动物亲肤接触时，能促进5-羟色胺的释放

关键点： 亲肤激活法

5-羟色胺与人或动物的触碰中得以释放

人与人之间的接触能够进一步促进5-羟色胺的释放。夫妻之间、亲子之间、恋人之间的牵手和拥抱这类亲肤接触，能够刺激大脑，最大限度释放5-羟色胺。按摩、拍肩和握手也具有相同效果。对方只要不是讨厌的人，亲密接触后都会有效果。

值得一提的是，即便对方不是人类也同样能够实现类似效果。很多人在抚摸和拥抱小狗、小猫，与其一块玩耍的时候经常感觉很轻松、愉快，原因在于这些行为都能够促进5-羟色胺的释放。很多人喜欢在猫舍里自由接触散养在室内的猫咪，这正是人们在不知不觉中寻求促进5-羟色胺释放的方式的证明。

5-羟色胺得到释放后，人体会涌现出从压力中满血复活的能量。焦虑不安、压力重重的时候，人们交叉紧握双手，或是环抱自己的肩膀，都是下意识寻求亲密接触的表现。

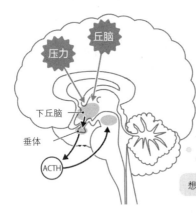

大脑引发亲肤行为的路径

❶ 压力的信息传到下丘脑。

❷ 下丘脑向脑垂体发送信号，然后促肾上腺皮质激素（ACTH）开始分泌。

❸ 促肾上腺皮质激素刺激中枢神经灰白质，寻求肌肤接触。

想要肌肤接触……

 健康笔记

闲谈和唱歌也能够促进5-羟色胺的释放

要想通过接触促进5-羟色胺的释放，重要的是彼此拥有共同的感情。其中，互相了解和感受彼此的存在尤为重要。日常闲聊、共进午餐、一起喝茶和唱歌都能够促进5-羟色胺的释放。

通过肌肤接触排解育儿压力！
重视家人之间的交流

用接触和拥抱缓解育儿压力

很多人在养育孩子的时候有很大的育儿压力。事实上，接触和拥抱孩子也能促进5-羟色胺分泌，从而缓解育儿压力。准确来说，是"催产素"这种激素的分泌促进了5-羟色胺的释放。

当婴儿吮吸母亲的乳房时，母亲的大脑就会产生催产素来促进5-羟色胺的分泌，此时母亲会感到幸福。育儿的压力也能通过怀抱和吮吸乳房等肌肤接触得到缓解。

随着孩子不断成长，与孩子肌肤接触的机会也逐渐减少。有人指出，从小就一个人住一个房间的孩子很容易缺乏交流能力。所以，要重视能让家人们常聚集在一起的空间，比如客厅或是开放的厨房。让孩子单独住一个房间也可以，可以在布局上把孩子的房间设置在进入需要经过客厅的位置，这样自然而然就能经常交流起来。

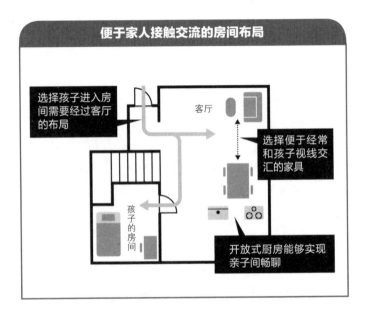

便于家人接触交流的房间布局

选择孩子进入房间需要经过客厅的布局

客厅

选择便于经常和孩子视线交汇的家具

孩子的房间

开放式厨房能够实现亲子间畅聊

 健康笔记

不会说话的婴儿也能进行交流！

　　婴儿主要通过共情从母亲的呼吸、心跳声、姿势读出母亲的感情。母亲通过怀抱婴儿实现和婴儿的肌肤接触，让婴儿感受自己的呼吸和心跳声，即使是眼神接触也能让婴儿安心。

仅仅是触摸，就拥有减少压力的效果，接触双方都能被治愈

关键点： 轻敲触摸

"轻敲触摸"，简单的治愈技巧

"轻敲触摸"是临床心理学家中川一郎发明的一套全面综合、操作简单的护理技术。两人一组，其中一人缓慢、有节奏地轻敲另一个人的后背，不断重复这样的动作。与按摩不同，轻敲触摸是双手使用指肚触摸，轻轻地刺激背部和肩膀。这种有节奏的轻敲触摸能够促进5-羟色胺的释放，排解紧张情绪、缓解压力，不仅有益身心健康，还能有益于人际交往、增进交流，促进安全感和信赖感的产生。

参与轻敲触摸的双方中，不论是轻敲的一方还是被敲的一方，体内5-羟色胺水平都会上升。治愈对方的同时也治愈了自己。

轻敲触摸能够缓解疼痛、排解紧张情绪，已被引进医疗看护、老人护理等专业领域，用于呵护人们的身心健康。

压力

压力

健康笔记

可对因病或因伤卧床的人进行轻敲触摸护理

　　对卧病在床的人实施的轻敲触摸被称为"轻敲触摸护理"。这一护理方式能够激活副交感神经，让人放松下来。轻敲触摸护理使用的力道要比平时的轻敲触摸更为轻柔，用整个手掌进行触摸效果会更佳。

只需要听音乐就能放松、减轻压力？对大脑有益、可缓解压力的音乐是什么样的呢？

关键点： 激活右脑的声音

对消减压力起效的是右脑喜欢听的音乐

人们用左脑听旋律和有歌词的音乐，用右脑听大自然的声音或太鼓等乐器的声音。能够作用于右脑的音乐，可以放松大脑，促进5-羟色胺的分泌。聆听右脑喜欢的音乐，有助于缓解压力。

大自然的声音包括小鸟婉转的鸣叫声、大海的波浪声、河流的潺潺水声、风声等。右脑并没有特意捕捉这些声音，而是在无意识当中就能够感受到。这些声音能让左脑休息，同时促进右脑的使用。市面上很多音乐具有让人放松的效果，可以试着利用一下。

也可以分时间段聆听具有放松效果的音乐，如早上听一听太鼓的声音。节拍适中的音乐有助于促进5-羟色胺的释放，唤醒右脑，使右脑做好准备，能够轻松适应接下来一整天的各种刺激。选择听节奏接近人脉搏跳动速度的音乐，效果会更好。做完运动晚上想睡个好觉的时候，可以选择能够让人放松的大自然声音类型的音乐。不要有意识地注意这些声音，要自然而然地接受，可以边读书边听，或边做其他事边听。

对右脑有效且能够缓解压力的声音	
右脑	**左脑**
接收图像 无意识	接收语言 有意识
● 被动接收的声音 ● 小鸟的鸣叫声 ● 大海的波浪声 ● 太鼓等的敲击声	● 熟悉的声音 ● 有曲调的音乐 ● 和声 ● 歌词等

 健康笔记

听莫扎特的音乐能够提高记忆力吗？

有观点称听莫扎特的音乐能够提高记忆力。也有人进一步分析，莫扎特的音乐能够激活脑电波α波，所以具有提高记忆力的效果。α波具有放松身心的功效，但α波能否提高记忆力还没有明确的结论。

按摩不能消除疲劳?
试着将自己的疲劳数值化

关键点： 把握自己的状态

即便是职业运动员，如果自己的状态任由别人掌控，也无法完全消除疲劳

疲劳的时候做一做按摩，心情就会变好，但仅仅如此并没有起到消除疲劳的作用。不论选择手艺多么精湛的按摩师，投入多少金钱，依赖他人的恢复方法很难完全消除疲劳。现在，职业运动员可以利用运动团队、设施等专业环境从疲劳中恢复，但过于相信并依赖这样的环境也很难完全消除疲劳。

这其中的原因在于"个体差异"。自己现在的身体状况是什么样？自己在什么样的状态下能够发挥最大的潜能？如果自己连这些都不知道，那即使是优秀的健康专家也无济于事。正确地了解自己的身体是消除疲劳的第一步。

为此可以先将疼痛、拉筋等疲劳程度数值化，再进行客观的思考。比如，并不是"感到腰能伸直了"就是疲劳消除了，而是要清晰地知道"如果把最疲劳的状态作为10，现在的状态是恢复到几了"，这样来客观地评价自己的疲劳程度。"腰疼时不当回事，结果三四天后闪着腰了"，如果以前出现过这样的情况，一般腰疼的第二天就得去做护理，这样才能有效地缓解疲劳。

 健康笔记

真正的护理应该"定制化"

　　不存在适用于所有人的护理方法，适合他人的方法并不一定适合自己。对肩部有效的护理方法也同样不一定适合腰部。唯有一一体验，定制和搭配适合自己的护理方法才更加行之有效。

有意识地觉察身体的中心！
用想象进行身心调整

关键点： 集中、触地

借助想象的力量调整身心

若想维持内心的平静，从压力当中解脱，可以运用想象的力量来调整身心。接下来介绍"集中"和"触地"两种方法。

"集中"，适用于想要变得冷静、想要注意力高度集中、想要发挥能量的时候，这个动作不管坐、立都可以做。坐着做动作的时候，要挺直背部，注意身体的中心线，然后把注意力转移到肚脐下方10厘米左右的地方停住。将注意力集中在这一点上，其他什么事情都不用做，就能掌控自己的注意力。据说被称为"本垒打之王"的著名运动员王贞治在精神萎靡的时候，常常通过这种方式找回专注力。

"触地"，首先要坐直身体，然后两脚踩地。想象这样的画面：地球中心的能量正在不断扩散，而自己正在不断汲取这些能量，再想象自己正与广阔宇宙的中心相连接。这种方式能够让人从压力中释放，不断调整自己的内心，进而解决各种各样的问题。

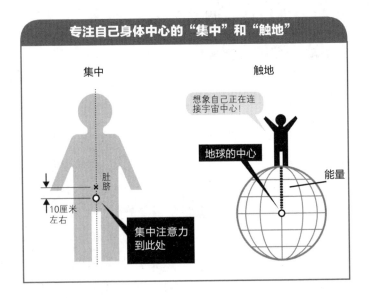

专注自己身体中心的"集中"和"触地"

集中

触地

想象自己正在连接宇宙中心！

地球的中心

能量

肚脐

10厘米左右

集中注意力到此处

♡ 健康笔记

通过"屏蔽"的方式预防压力，守护自己的内心

　　有一种保护自己内心的方法叫作"屏蔽"，即想象自己的周围都是自己喜欢的各种各样颜色和形状的屏障，并将难以接受的东西隔离在屏障之外，尽情地想象让自己想要接收的东西穿过屏障。通过这种方式可守护自己的内心。

借助照片、视频和音乐，
让自己恢复元气，充满能量！

关键点： 喜欢的回忆

看见喜欢的东西，回忆开心的场景，听激昂的音乐，不论什么时候心情都能变好

想要恢复元气、充满能量，想要开心快乐，可以用自己喜欢的照片、视频和音乐来帮助自己转换心情。

照片可以将思绪唤回开心拍照的"当时"，这样就起到了转换心情的作用。喜欢的人、喜欢的场所、开心的回忆，将关于这些的照片保存到手机相册，或者设置成屏保，也能够起到转换心情的作用，还可以收集喜欢的照片做一个相册集。

视频和音乐也具有相同效果。看"热血"的电影时会产生想要奋斗的念头，听激昂的歌时心中充满能量。这样的经历能够帮助人们轻松实现心情的转换。

其实不用实际观看或聆听，在脑海中重现当时深受感动的视频场景，在脑海中回想深受感染的歌曲，也有相同的效果。只需在大脑中储存喜欢的动画、电影、电视剧的一幕或歌曲，然后根据心情重新播放，就能让心情快速转好。

照片

音乐

 健康笔记

用喜欢的香味转换心情，让自己平静下来

　　香味通过嗅觉传递到大脑，也能在一瞬间帮助你转变紧张的心情，可以选择葡萄柚、薰衣草、茉莉花等的香味。

正确利用消极情绪，
消极也能变得积极起来

消极情绪也是有意义的

一般认为，积极情绪是有利的，但是为了避免压力而一味地认为应该始终保持积极情绪是很危险的。因为过于积极容易导致盲目乐观、歪曲认识，最终仍然无法克服困难，解决问题。

其实，偶尔拥有消极情绪并不是一件坏事。为无法接受的事情生气，对未来感到焦虑从而变得害怕失败是一种正常心理。并且正因为生气，"做正确的事"的意愿才会涌现出来；正因为焦虑，才会做万全准备，努力达到目标；正因为不想失败，才会慎重行事。消极情绪绝非只有弊端，也有可取之处。一定要正视现实，随机应变，采取正确的思维方式。

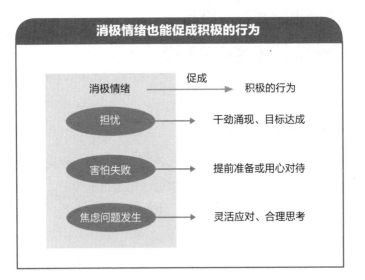

 健康笔记

内心强大的名人是天生就如此强大吗?

很多名人都是内心强大之人,比如日本原棒球选手铃木一郎、黑田博树,驰骋商界的松下幸之助、孙正义和柳井正等。但他们并非天生内心强大,而是通过掌握了正确的方法才得以拥有强大内心的。

"哭一场就好了"并不是错觉！
流泪有助于缓解身心压力

流泪能够缓解压力

当伤心难过的时候，哭一场可能会让人觉得身心放松下来。实际上大家应该都有过这样的经历：流泪能够有效缓解压力。

调节身体功能的自主神经有两种，一种是交感神经，在白天进入活跃状态，能被压力激活；另外一种是副交感神经，人处于放松状态时开始活跃，使体温下降，让身体进入睡眠状态。哭泣的时候，副交感神经也会开始活跃，让身体获得如同进入睡眠状态的体验，从而缓解压力。

从效用来看，眼泪分为三种，第一种是保护眼睛的"基础眼泪"；第二种是受异物刺激而产生的"反射性眼泪"；第三种是因与人共情而产生的"情感性眼泪"。与人共情而流泪的行为与大脑皮质密切相关。流下情感性眼泪的时候，脑前额叶的血流量会增加，然后激活大脑皮质，促进5-羟色胺的分泌。因此，流泪能缓解大脑的压力。

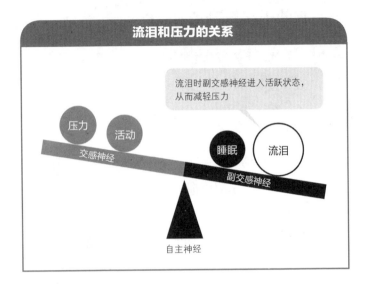

流泪和压力的关系

流泪时副交感神经进入活跃状态，从而减轻压力

压力　活动

交感神经

睡眠　流泪

副交感神经

自主神经

健康笔记

孩子很少流情感性眼泪！

虽然孩子们经常哭，但这些眼泪大多不是为了缓解压力，而是表达自己不开心。他们很少流下情感性眼泪，这是因为他们缺乏人生经验，共情能力不够发达。

"马上就要哭出来了"，这样想可以缓解压力

看电视或电影想哭的时候，大脑会在哭泣前1～2分钟为哭做准备，此时大脑皮质血流量增加，交感神经进入活跃状态，心率加快、血压升高，从而引起压力。

开始流泪时体内则会发生以下变化：流向大脑皮质的血流量会急剧增多，异常的兴奋传遍整个大脑，副交感神经得到激活并逐渐进入活跃状态。副交感神经处于主导地位时有助于缓解压力。持续哭泣能够抑制大脑兴奋，使心率变慢、血压下降。

为了弄清流泪缓解紧张、焦虑等情绪的效果，有一项试验调查了人们观看煽情电影前后的情绪变化，试验结果显示哭泣人群的情绪变化为"紧张""焦虑"及"混乱"感大幅度降低，被问及感想的时候，很多人表示"身心舒畅"；没有哭泣的人群的情绪基本上没有变化，被问及感想的时候，他们表示"还好吧"。快哭的时候就痛痛快快哭一场，这样心情才会更加舒畅。

但是尽管压力能通过流泪来缓解，但也不能经常哭泣。经常哭泣会出现持续的不安、食欲减退、长时间悲伤等。

源自焦虑和担忧的压力数不胜数，突然哭泣是身体的防卫本能在起作用。不过出现心理问题的时候也

不要总想着靠哭一场来解决，还可以向家人、朋友倾诉或是寻求专业机构的帮助，以此来保持自己的心理健康。

 健康笔记

人为什么会哭泣？哭过之后会怎样呢？

　　威廉·弗雷认为情感性眼泪产生的原因当中，悲伤占比50%，高兴占比20%，生气占比10%，剩下20%为同情、担忧、恐惧；并且85%的女性和73%的男性表示"哭过之后心情会变好"。

为了有效缓解压力，只流泪是不行的，哭泣的方法也很重要

关键点： 能有效解压的哭

缓解压力的有效哭法

并不是只要流泪就能够缓解压力。缓解压力需要流下能够刺激大脑的"情感性眼泪"。这里为大家介绍几个流"情感性眼泪"的秘诀。

秘诀①：选择能够让人感动的电视剧或电影

尽量选择让人感动的电视剧或电影。不要选择恐怖片，虽然恐怖片也有助于减少大脑的血流量，但是看哭了也不会产生5-羟色胺。

秘诀②：一周哭一次即可

哭泣的解压效果能够维持一周左右，所以还需看准哭泣解压的时机。

秘诀③：每次哭5分钟左右即可

如果看电影或电视剧，那么将情感代入主人公身上并深受感动时，哭5分钟左右即可。

秘诀④：推荐在晚上哭

比起早上，晚上情绪更加容易高涨，也更容易流泪；并且晚上哭能够消除一整天的压力。

诀窍⑤：想哭的时候不要强忍

强忍眼泪会使交感神经过于活跃，让人一直处于压

力状态，无法使压力得到缓解。不用想太多，将注意力集中在与人共情上，尽情流泪就好。

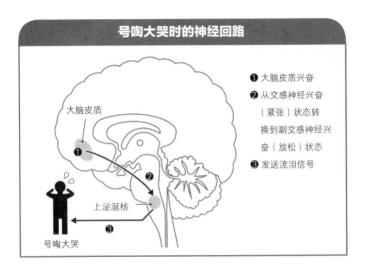

号啕大哭时的神经回路

大脑皮质

❶

❷

上泌涎核

❸

号啕大哭

❶ 大脑皮质兴奋
❷ 从交感神经兴奋（紧张）状态转换到副交感神经兴奋（放松）状态
❸ 发送流泪信号

 健康笔记

在周六晚大哭一场，能够在一定程度上消解一周的压力

如果想用哭泣来促进5-羟色胺分泌，可以选择在周六晚大哭一场，借此消解积攒了一周的压力。即使睡得晚一些，也不用太担心第二天的事情；虽然流泪可能会让眼睛变肿，但第二天休息好了便无大碍。

"哭"和"笑"哪一个更能带来幸福感呢?

关键点: 哭和笑的效果

最理想的做法是偶尔哭、经常笑

"哭"和"笑"是一组相对行为。从对大脑的作用来看,两者具有相同效果,都能使前额叶的血流量增加,也都能够促进5-羟色胺的分泌和提高免疫力。只是哭泣的时候,这种强烈反应持续的时间会更长。

一项调查哭泣前后和大笑前后心情变化的心理测试结果显示,哭过之后,"紧张""担忧"等失控的情绪得以平复,而笑过之后,"活力"增加。哭和笑都具有缓解压力的作用。虽然笑缓解压力的效果不如哭,但能够激发活力,让人精力充沛。而哭泣是一种负担超乎想象的行为,因为若想流下情感性眼泪,必须要先感受到强烈的压力,而笑随时都可以做到。最近,大笑疗法由于具有提高免疫力的效果被运用到临床,并因其操作简单而倍受重视。比起莞尔轻笑,笑到腹痛的大笑效果更佳。

要在日常生活中经常笑、偶尔哭,不断消解压力。

"哭"和"笑"

哭

笑

- 缓解焦虑和紧张
- 促进5-羟色胺分泌
- 减轻压力
- 调节自主神经平衡
- 激活免疫系统
- 一次就效果显著

- 涌现活力
- 轻度促进5-羟色胺分泌
- 轻度缓解压力
- 适度调整自主神经平衡
- 激活免疫系统
- 易于实践

 健康笔记

偶尔可以和伴侣或朋友一起哭

和其他人一起哭，流下情感性眼泪时，会引起彼此大脑皮质的共鸣，这比一个人哭泣的效果更佳。因此，可以偶尔和伴侣或朋友一起哭，这更能有效缓解压力。

第5章

时间管理的关键

将当天压力清零的睡眠术

理想的状态是通过优质睡眠清零当天积攒的压力。好睡眠也有助于管理好时间。

比起"勉强自己早睡早起","遵循生物自身规律，熟练使用睡眠技巧"更受繁忙的职场人士追捧。

——作业疗法师　菅原阳平

为什么不睡不行呢？
人类和睡眠的关系是什么？

关键点： 无须休息和必须休息的大脑

无须休息的大脑和必须休息的大脑

为什么人要睡觉呢？人们偶尔可以通宵玩耍、通宵工作，但不可能永远不睡觉。不睡觉不仅注意力无法集中，而且不眠不休三天以上还会出现幻视和幻听。

这些现象和人类大脑的构造相关。大脑分为掌管着呼吸和维持体温的"无须休息的大脑"和掌管着思考、创造和记忆的"必须休息的大脑"。其中，"必须休息的大脑"中最关键的部分是大脑新皮质，掌管着日常生活中所有的活动，能够处理大量信息，进行思考、创造和记忆等高等精神活动。如果长时间不睡觉，大脑会因疲劳而变得迟钝。

大脑中掌管记忆的海马体，在人们睡觉时整理、加深重要的记忆。因此，好好休息能让知识记得更为牢固的原因就在于此。

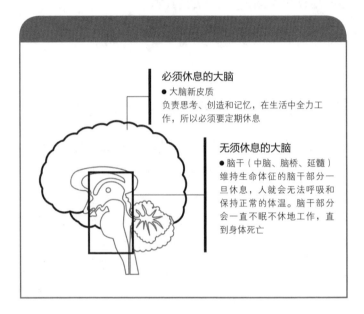

必须休息的大脑

● 大脑新皮质
负责思考、创造和记忆，在生活中全力工作，所以必须要定期休息

无须休息的大脑

● 脑干（中脑、脑桥、延髓）
维持生命体征的脑干部分一旦休息，人就会无法呼吸和保持正常的体温。脑干部分会一直不眠不休地工作，直到身体死亡

 健康笔记

大脑超负荷运转的时候会优先进行本能反应

如果一直缺觉，大脑就会超负荷运转，从而无法维持理性思考，本能就会处于优先地位，食欲过剩、体能耗尽、心绪不宁等各种失控情况就会随之出现。

短时间睡眠会降低效率，理想的睡眠时间是多少呢？

关键点： 合适的睡眠时长

最佳睡眠时间因人而异

热爱工作的职场人士非常吝啬睡眠时间，希望能够一直工作。虽然这种想法值得赞赏，但从大脑的角度来看，短时间睡眠难以消解长时间工作带来的疲劳。一般情况下，工作时间越长，从疲劳中恢复需要的睡眠时间就越长。白天的疲劳需要通过夜间的睡眠进行消解，这是昼行性动物的一种生理特征，不管人类怎么进化都是无法改变的。

根据日本厚生劳动省的调查，个人的睡眠时间会随着年龄增大而变短，10岁左右的人需要8小时睡眠，25岁需要7小时睡眠，45岁需要6小时睡眠，20~40岁的人，每天睡够7小时为佳。

只是，最佳睡眠时间因人而异。对自己来说睡多长的时间是最好的，可以通过自己早上起床之后的感觉来判断。如果前一天的行为、生活和饮食习惯良好，第二天早上起来之后未感觉到倦怠或瞌睡，睡眠时间则为最佳时间。另外，睡眠时间并不是越长越好，如果睡眠时间过长，就会阻碍大脑活动模式的启动，这时再重启大脑的活动模式，就需要花费更多的时间。

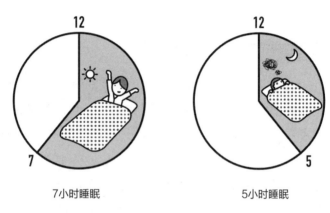

7小时睡眠　　　　　　　　　　5小时睡眠

20~40岁的人，每天睡够7小时为佳。

　健康笔记

5%左右的人只需要短时间睡眠

　　最佳睡眠时间因人而异，有5%左右的人，睡眠时间不到6小时就足矣，据说拿破仑和爱迪生就是如此；还有5%左右的人需要9小时以上的睡眠时间，属于长时间睡眠人士。

能够放松身心的快速眼动睡眠

睡眠具有让身心得以休息，从疲劳当中恢复过来的重要作用，但人并非要一直处于睡眠的状态。一般来说，睡眠可分为两种，即快速眼动睡眠（快波睡眠）和非快速眼动睡眠（慢波睡眠）。这两种睡眠类型大有不同。

快波睡眠的时候，眼睛虽然已经闭上，但眼球还在运动，大脑依然活跃，大脑中的海马体会非常活跃地运作，使记忆得以积淀。近年来的研究表明，快波睡眠具有缓解感情上的压力的作用。

慢波睡眠的时候眼球运动停止，大脑和身体得以休息，大脑消除疲劳的同时，从入睡3小时左右开始分泌生长激素，促进肌肉和皮肤的再生，而且在记忆方面也有着重要的作用。同时慢波睡眠还具有统合记忆的作用，醒时被固定在比较狭隘范围的记忆，在慢波睡眠的时候会与散落在脑海各部分的记忆连接。

睡眠对于消除疲劳具有重要的作用，对记忆和皮肤、肌肉的再生等也有重要的意义。把握好最佳的睡眠时间，能促进身心健康。

理解睡眠的分期，提高睡眠质量

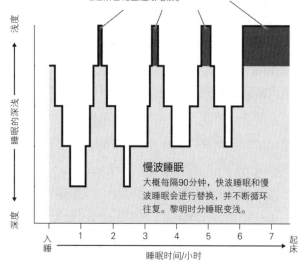

快波睡眠

最初的快波睡眠仅有10分钟左右，时间较短，夜深之后所占比重逐渐增加。

浅度 ←

睡眠的深浅

→ 深度

慢波睡眠

大概每隔90分钟，快波睡眠和慢波睡眠会进行替换，并不断循环往复。黎明时分睡眠变浅。

入睡 　1　2　3　4　5　6　7　起床

睡眠时间/小时

快波睡眠	慢波睡眠
● 这是大部分的生物都有的原始的睡眠。	● 仅限于大脑发达的哺乳类和鸟类等进化过后出现的睡眠。
● 眼球轻微活动。	● 眼球不动。
● 身体活动停止，但大脑仍然处于浅睡状态。	● 虽然是在熟睡状态，但能够维持肌肉的紧张，还会翻身。
● 经常做梦。	● 很少做梦。
● 脉搏、呼吸、血压等自主神经相关活动发生变化。	● 会分泌生长激素。

通过恰当的睡眠缓解压力，灵活使用5–羟色胺的效果

关键点： 交感神经、副交感神经

平衡良好的自主神经系统能够切实缓解压力

虽然经常听到"优质睡眠"一词，但这种状态指的是什么呢？从缓解压力的角度来看，能够很好地维持自主神经的平衡，实现缓解身体压力的睡眠就是优质睡眠。

白天活动、感到压力的时候，交感神经开始活跃；在睡眠和休息的时候，副交感神经活跃，能够缓解白天的压力。

如果自主神经系统平衡良好，就没有什么问题，如果交感神经一直活跃，而副交感神经不能够很好地运作，身体的压力就无法得到缓解，第二天就会感到疲劳，身体状态会持续不佳。提高5–羟色胺水平使副交感神经正常工作是优质睡眠的关键。

自主神经功能紊乱会导致压力增大

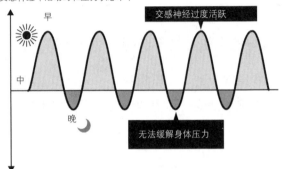

通过提高5-羟色胺水平获得优质睡眠后

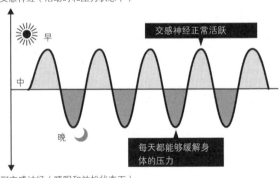

拥有"返老还童"的效果，体内"安眠药"褪黑素

人体处在明亮的环境中就容易从睡梦中醒来，而在黑暗的环境中就会想要休息，这是身体内的"安眠药"褪黑素在起作用。要使其充分发挥作用，我们熟知的5-羟色胺就是关键。接下来说明一下两者之间的关系。

早上起来的时候沐浴晨光，大脑释放5-羟色胺，此时大脑开始清醒，身体也开始释放出活力。到了晚上，天开始变暗，大脑就以5-羟色胺为原料合成褪黑素，且在关了灯闭上眼睛之后就开始分泌褪黑素，人体开始进入睡眠阶段。

褪黑素由大脑的松果体分泌，导致体温下降，带来睡意，分泌量在0：00—2：00达到高峰。褪黑素能够正常分泌，人们就能熟睡，身体的压力也能得到缓解。

早上醒来，沐浴晨光。人体就开始停止分泌褪黑素，取而代之的是促进5-羟色胺的分泌。只要生活规律，就会在相同的时间段醒来和睡觉，这就是大脑工作的结果。"早上起不来""晚上睡过一觉还是会感到疲劳"，可以认为是5-羟色胺和褪黑素的分泌不足引起的。特别是昼夜颠倒的时候，5-羟色胺分泌不足，很有可能会引起褪黑素分泌不足，从而导致睡眠规律的崩坏。

褪黑素并非只对睡眠有影响，在提高免疫力和保护心血管方面也发挥着重要作用，还能够去除造成老化原

因之一的活性氧而达到抗衰老的效果，是一种"超级激素"。为了健康和美容，应让褪黑素充分发挥作用。

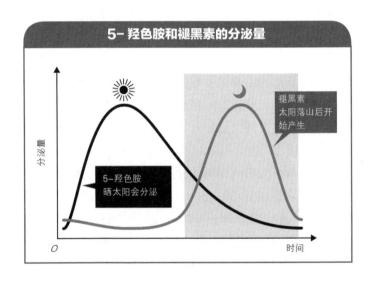

健康笔记

5-羟色胺和去甲肾上腺素

5-羟色胺和睡眠有关，别名叫作"幸福激素"，而去甲肾上腺素对晨起具有作用，它的别名是"愤怒激素"。

睡前饮酒会让睡眠变浅？
为了舒适睡眠，睡前不应喝的饮品

醉了就能马上睡着……这并不是舒适的睡眠

根据某项调查，日本约48.3%的男性、18.3%的女性，一周至少喝一次睡前酒。酒精确实能够让人更快入睡，但为了优质睡眠还是必须要避免睡前饮酒。这样说是因为醉了睡着的时候，慢波睡眠会减少，快波睡眠会增加。这样一来，睡眠无法完全消解疲劳；并且酒精还有利尿作用，使人在晚上的时候经常起夜，减少睡眠时间；而且睡前饮酒很有可能导致睡眠呼吸暂停综合征等睡眠障碍。想靠睡前饮酒来提高自己的睡眠质量是不可行的。

含有提神效果较强的咖啡因的咖啡和红茶也要避免在睡前的一定时间内饮用。咖啡因起作用的时间有3~4小时，有时持续的时间会更长，也就是说，在晚饭吃完后喝含咖啡因的饮品，很有可能会一晚上都睡不着。虽然咖啡因具体的效果因人而异，但如果睡前一定要喝饮品，请尽量选择不含咖啡因的饮品。

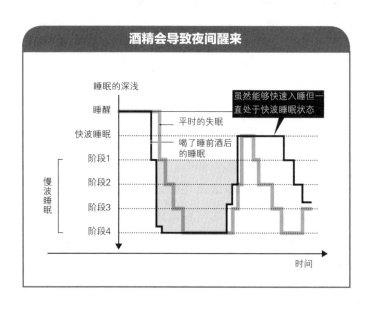

酒精会导致夜间醒来

睡眠的深浅

睡醒

快波睡眠

阶段1

阶段2

阶段3

阶段4

慢波睡眠

平时的失眠

喝了睡前酒后的睡眠

虽然能够快速入睡但一直处于快波睡眠状态

时间

健康笔记

这些东西当中竟然也含有咖啡因

　　乌龙茶、可乐、能量饮料中也含有一定量咖啡因；此外还有醒神的口香糖，巧克力味的点心、冰淇淋和咖啡果冻等，一定要格外注意，不要在睡前摄入。

严禁晚上过度看手机，蓝光会影响睡眠

关键点： 蓝光

待在明亮的环境下，身体会变得不想睡觉

入夜后周围环境变暗，会促进褪黑素的合成和分泌。人体的功能使人在黑暗的环境下比较容易睡着，但是如果晚上一直待在强光环境下，身体就会做出"周围依旧明亮，合成和分泌褪黑素的时机还未到"的判断，从而停止褪黑素的合成和分泌。此时人不会产生困意，也就无法实现舒适的睡眠。

24小时营业的便利店是现代人生活的重要组成部分，店里灯光的强度是办公室的2~3倍，因此，下班回家途中不要长时间待在便利店，否则会影响褪黑素的合成和分泌。深夜去便利店买东西的时候，尽量快点买完快点离去。

此外，电视、电脑和手机屏幕发出的蓝光也会影响褪黑素的合成和分泌，所以睡前要尽量避开蓝光的照射，可以给这些电子产品贴上防蓝光膜或减少睡前使用。

试验证明蓝光不利于睡眠！

牛津大学的研究团队为了研究人工照明灯光会对入睡时间和睡眠时长产生怎样的影响，在试验中分别用绿光、紫光、蓝光照射小白鼠，然后得出以下结论。

绿光——睡眠开始时间比平时早1~3分钟
紫光——睡眠开始时间比平时晚5~10分钟
蓝光——睡眠开始时间比平时晚16~19分钟

由此可见，人工照明灯光中蓝光最不利于睡眠。

 健康笔记

晚上一直待在强光中，会不断影响褪黑素的分泌

褪黑素主要在晚上睡觉期间分泌，因此晚上不要一直待在强光里，否则会持续阻碍褪黑素的分泌。平时要不断改善自己的睡眠习惯，以提高睡眠质量。

周末赖床能补觉？
不能，会导致社会性时差

关键点： 社会性时差

周末的赖床只会扰乱生物钟

很多人习惯在工作日牺牲睡眠时间，在周末报复性补觉赖床。然而，这是一种不明智的行为，不仅补觉效果甚微，还扰乱了体内的生物钟。一个每天早上7点起床的人在某天睡到了中午12点，掌管时差的大脑部位就会做出"多了5小时"的判断，与在海外旅行产生5小时时差的情况相同，将引起睡眠规律崩坏，这种现象被叫作"社会性时差"。此时，体内为起床做准备的皮质醇将停止分泌，交感神经也很难得到激活，于是大脑开始出现混乱，感到身体沉重，身体状况也随之变差。并且，晚起的时候，早饭和午饭会放在一起吃，进而彻底扰乱神经中枢、神经末梢及生物钟。

原本以为能在周末好好休息，可到了下周一又开始觉得疲惫，于是陷入"黑色星期一"的不良情绪当中，实际上这就是赖床造成的结果。不管是工作日还是休息日，都应尽量在同一时间起床，这样才能轻松愉快地迎接星期一。

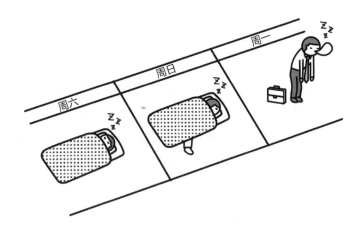

健康笔记

意识到"战略型休假"的重要性，掌握休息的力量

业务繁忙的精英和经营者们很容易感到压力，当压力影响到工作效率的时候，就应选择好好休息一下，这是一种常见的"战略型休假"模式。

多睡觉的孩子长得快？
睡眠时间与新陈代谢、生长激素的关系

关键点： 生长激素

睡眠不足的不良影响

"明明自己很努力地减肥了，但好像一点用都没有"，有这样想法的人不胜枚举。如果你也有这样的烦恼，不如先回顾一下自己睡眠的状况。

食欲和饥饿激素与瘦素等激素的分泌密切相关。饥饿激素能够增加食欲，瘦素能够抑制食欲。在睡眠不足的情况下，饥饿激素分泌增多，瘦素分泌减少，从而难以抑制食欲。睡眠不足还会导致疲劳，让人无法积极行动，此时能量的消耗和代谢减少，这种状况持续得不到改善的时候人就容易进入暴饮暴食的恶性循环。若想实现无压力减肥，首先要做的就是好好睡觉。

有这样一句俗语，"多睡觉的孩子长得快"，这句话从大脑的运作来看是完全正确的。在睡眠的时候，垂体会分泌大量生长激素，虽然在运动的时候生长激素也会分泌，但是这个量并没有睡眠的时候分泌得多。因此，要想长高，睡眠才是关键。此外，生长激素对增加皮肤的弹性和光泽也有效果。化妆虽然也有这个效果，

但是一定要意识到睡眠的重要性。

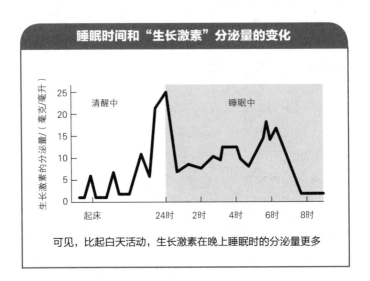

睡眠时间和"生长激素"分泌量的变化

生长激素的分泌量/（毫克/毫升）

清醒中　　　　　睡眠中

起床　　24时　2时　4时　6时　8时

可见，比起白天活动，生长激素在晚上睡眠时的分泌量更多

健康笔记

熬夜为什么会对孩子发育产生负面影响？

　　生长激素的分泌量会在入睡1小时左右达到高峰，倘若入睡时间变晚，睡眠时间变少，生长激素分泌量也会随之减少。如今生活方式逐渐多样化，很多孩子开始熬夜，发育自然受到影响。

通过体温变化帮助入眠，运动和泡澡都是高效入眠的秘方

关键点： 体温变化与睡眠

"体温操作术"打造能够高效入眠的身体

人的体温在一定范围浮动，一天当中会发生细微的变化。起床前的体温在一天当中最低，起床后得益于5-羟色胺的分泌，体温开始逐渐上升，下午4点至6点体温达到峰值。晚上受褪黑素分泌的影响，体温开始逐渐下降，体温下降时人容易犯困，也更容易入睡。

我们可以人为地让体温升高再下降，制造出这样的波动，也就更容易感到困意。

使体温波动有两种方法，第一种是做简单的有氧运动，比如散步或慢跑，持续20~30分钟。跑步能够适度提高体温，跑步后体温下降的时候就会开始犯困。第二种方法更加简单，就是热水泡澡。在热水中泡15~20分钟的半身浴，直到流汗，然后借助水温变凉的作用让体温下降（注意以不使自己受凉为度），有助于自己更好地入睡。

不管是有氧运动还是热水泡澡，都能激活交感神经，大家在尝试这些方法的时候可以找出适合自己的运

动量和泡澡时长。

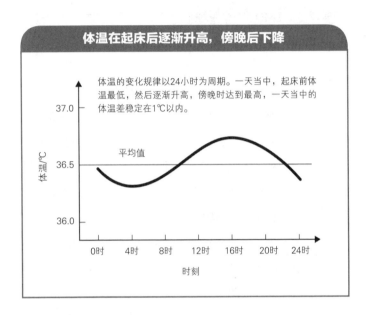

体温在起床后逐渐升高，傍晚后下降

体温的变化规律以24小时为周期。一天当中，起床前体温最低，然后逐渐升高，傍晚时达到最高，一天当中的体温差稳定在1℃以内。

体温/℃

平均值

37.0
36.5
36.0

0时　4时　8时　12时　16时　20时　24时

时刻

健康笔记

将有助于睡眠的方法安排到下班后

　　白天一直坐在工位上工作的人可以在下班后将有助睡眠的方法安排上，如慢跑、散步，以及在澡堂或健康俱乐部的浴池中尽情享受泡澡的乐趣等。

从起床时间倒推必须要睡觉的时间？
睡不着时压力会增加

关键点：**不规定睡觉时间**

困了就睡觉是舒适睡眠的必要条件

虽说"睡眠不足是万病之源"，但如果按"明天早上必须要6点起床，今晚必须12点前睡觉"这样计算时间然后上床睡觉，不知不觉间就会影响睡眠。每天的睡觉时长根据个体差异、季节的不同、白天活动量不同而并不是一个定量；并且，即便确定了睡觉时间也不一定能够睡着。

躺在床上想睡睡不着的时候该怎么办呢？

"现在睡不着，如果明天睡过头，上班就迟到了"，这样想就会产生更多的压力，使大脑一直处于清醒状态，越发难以入睡。不如等到睡意来临的时候再上床睡觉。即便睡觉时间晚于自己的预想，起床时间发生变化，也不会扰乱生物钟。

"第二天可能会疲惫，早点休息吧"，也许这么想睡意就来了，因此无须给自己规定必须睡着的时间，而应耐心等待睡意到来。电脑或手机发出的蓝光会刺激人的大脑，驱赶睡意，所以睡觉前应先关灯并放下手机、电脑。

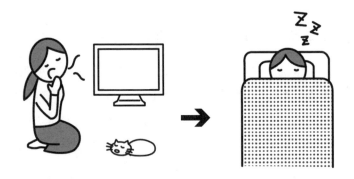

 健康笔记

即便早上醒得很早，也尽量不要睡回笼觉

虽然很多人早醒以后都想再睡个回笼觉，但希望大家尽量避免这种做法，因为这同样会破坏生物钟。比起回笼觉，午休的补觉效果会更好。

晚上失眠的时候，试一试这些方法

关键点： 失眠的应对策略

与其在意钟表的声音，不如专心聆听

即使采用了运动、泡澡等方法，也避免了做影响入睡的事，却仍然睡不着，这样的夜晚该怎么办才好呢？

最简单的方法就是下一次床，虽然有点逆其道而行之，但助眠效果良好。"不行，必须得睡"，一直躺着这样想反而会适得其反，让人变得焦躁，甚至担心起明天的事情，大脑也变得越来越兴奋。此时不如索性下床，悠闲地看会儿杂志，或听会儿舒缓的音乐，让自己放松，等待睡意的来临。

如果过分焦虑而无法入睡，就会引发真正意义上的失眠症。如果上床30分钟左右还是睡不着，就下一次床，算是丢掉"入睡的束缚"。

某些晚上，不知为何总会注意到钟表"嘀嗒嘀嗒"的响声而无法入睡。与其为之烦恼，不如专心去听钟表的声音。一直接收同一种刺激的时候，感觉就会变得迟钝，能够降低大脑的兴奋程度，起到助眠效果。

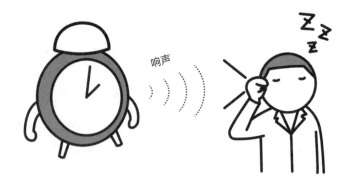

响声

 健康笔记

富含色氨酸的食物具有助眠效果是真的吗？

是真的。色胺酸可代谢为5-羟色胺，能促进褪黑素分泌，因此适量吃些富含色胺酸的食物有助睡眠，如玉米、酸奶等。

边睡边按效果显著，有助于睡好觉的穴位及其按压方法

这两个很好记的穴位能帮助人们睡个好觉

改善失眠的穴位有很多，失眠的时候可以试着按压这些穴位。这里将北里大学名誉教授村崎光邦先生的著书《最快睡眠法》中提到的两大穴位介绍给大家。

①天柱穴——位于脖颈的后侧，是后发际线旁边的2个穴位。具有舒展肩膀肌肉、促进头部的气血流向全身的作用。气血流向全身，身体也会变得温暖，可以引导身体达到入眠的最佳状态。

②关元穴——位于肚脐下3指距离的位置。对改善一些女性特有疾病有很大帮助；即将迎来更年期的女性，很多因激素失调而睡不着觉时，刺激关元穴就能够缓解失眠。

虽说按压这两个穴位能够助眠，但也不用每次把这两个穴位都按压了。如果按压一个就已感到身心舒畅，困意来袭，那么到此结束按压开始睡觉也是可以的。

对改善失眠有效的穴位所在的位置

天柱
位于脖颈的后侧，后发际线旁，左右各一。

关元
从肚脐开始往下3指的位置。

 健康笔记

安眠穴助眠效果也不错哦！

除了上述的天柱穴、关元穴，安眠穴也是安神助眠的经验要穴，对缓解失眠也有一定作用。安眠穴位于耳后及颈部两侧的胸锁乳突肌肌腱中部。

按压穴位来创造能够入睡的身体条件

有的人越想要睡觉就越睡不着，因为此时与能够导致困意的副交感神经相比，交感神经更加活跃，就会让人难以入睡。这样的情况并不少见，此时可刺激穴位使副交感神经更加活跃。

为了使副交感神经活跃，要刺激的穴位是脚底里侧的太白穴和公孙穴，可用拇指指肚舒适缓慢地进行直线形按压。使用这样的方式按摩3分钟左右，副交感神经就会更加活跃，困意就会到来。要记得按照从太白穴到公孙穴的方向进行按摩，按照相反的方向按摩是没有意义的。

还有一种方法，即韩国的针灸师柳泰佑发明的"高丽手指针疗法"，其中运用了"转笔按摩"。有一种中医流派认为人的手上有连接到全身的穴位，只是如果不是专业人士，很难找到该穴位的正确的位置。柳泰佑的方法就是用一支笔进行寻找，然后再进行按摩。

直线形按压穴位的方法

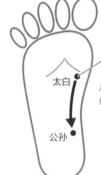

太白

公孙

位于脚底大脚趾关节的后下方，脚里侧凹陷的部位。

从太白穴到公孙穴按摩。要注意相反的顺序是没有效果的。

 健康笔记

背部也能按！用高尔夫球按压穴位

用高尔夫球按压穴位也是很好的方法。高尔夫球不仅可以放在床上用脚踩来刺激脚底，而且还可以将其放在自己够不到的腰和背部下方躺在上边以刺激腰和背部下方穴位。通过高尔夫球进行刺激穴位效果很好。

睡眠障碍有三种类型！
要针对不同的类型采取恰当的对策

关键点： 睡眠障碍

不要在床上待太久

睡眠障碍是指在睡眠时发生了异常情况。每5个日本人当中就有1个人为睡眠障碍而烦恼。睡眠质量下降、睡眠时间减少、白天无法消解的疲劳开始积攒等，各种睡眠问题成为抑郁症或是生活习惯病的诱因。一旦出现睡眠障碍，要尽早去睡眠门诊就医，采取对策。以下介绍三种常见的睡眠障碍类型。

①入睡障碍。这是一种怎么都睡不着的类型。患有入睡障碍的人可能在入睡前总是想着"必须得睡了呀"，注意不要给自己这种无形的压力。

②半夜易醒。这是一种睡觉期间多次起床的类型。在床上待的时间过长，睡眠就会变浅，导致晚上会经常醒来。保持晚睡早起的睡眠习惯，有可能使这类睡眠障碍得到改善。

③醒得很早。这是一种比自己预想的起床时间要醒得早，接着就睡不着的类型。睡眠变浅会增多醒来的机会，有很多人会因此通过饮酒强迫自己再次入睡。

三种常见类型的睡眠障碍

1 入睡障碍
根本睡不着。

2 半夜易醒
睡觉期间多次醒来。

3 醒得很早
醒得比预想的起床时间早，然后再也睡不着。

 健康笔记

寻找适合自己的睡眠时间

　　合适的睡眠时间因人而异，最起码的标准是"白天不犯困"。在排除一些相关疾病的情况下，工作当中脑袋昏昏沉沉可能就是因为睡眠时间不足。

"睡了又睡，还是无法消解疲劳"，极有可能是因为睡觉的时候呼吸暂停了

关键点： 睡眠呼吸暂停综合征

大脑始终处于"熬夜"的状态！较胖的人要格外注意

睡眠障碍中最严重的是睡眠呼吸暂停综合征，9%的日本男性和3%的日本女性患有此病。注意到自己经常打鼾，白天总是犯困的时候，可以就医检查是否患有睡眠呼吸暂停综合征。

睡眠呼吸暂停综合征是指在睡眠的时候呼吸暂停，随后又开始缓慢呼吸的情况。睡眠呼吸暂停综合征患者由于疲劳，喉头肌肉松弛，舌头开始变软下垂，压迫气管，出现打鼾现象。对于肥胖人群来说，气管中的脂肪会使通道变得狭窄，患此病的风险会更高。亚洲人的气管格外狭窄，患此病的风险也更高。

睡眠时，气管如果被完全阻塞将危及生命，此时大脑就会开始清醒过来，重新打开气管进行呼吸。如果一晚上不断重复这样的过程，尽管想睡但不得不保持清醒，大脑始终处于"熬夜"状态，不仅不会使疲劳消散，还会增加新的疲劳，使症状恶化。

空气

睡眠呼吸暂停综合征给心血管带来了巨大的压力，还提高了高血压、糖尿病、心脏病、脑卒中等的发病风险。当你感到类似异样时，一定要及时去睡眠门诊就诊。

健康笔记

如何治疗睡眠呼吸暂停综合征呢？

"持续正压通气（CPAP）"治疗法借助空气管和鼻罩将受压的空气从鼻孔中送入体内，这是一种拓宽气道，防止呼吸暂停和进入低氧状态的治疗方法。

尽量使体内的两个"时钟"正常工作，醒来时才能身心舒畅

关键点： 主时钟、末梢时钟

阳光和饮食是清醒的关键

压力激素皮质醇在起床前的2小时分泌量开始增多，起床1小时后迎来高峰，为身体活动做准备。但是，当生物钟受到干扰的时候，皮质醇的分泌就会变得不稳定，无法使人们在起床的时候保持头脑清醒。

生物钟有两种。一种是"主时钟"，一般来说也就是体内时钟，跟随光线调整转动。早上沐浴晨光的时候，主时钟意识到新的一天即将开始，并发挥"司令部"的作用。

另一种是"末梢时钟"，掌管体内新陈代谢的节律。虽然也接受来自主时钟的指示，但主要受饮食刺激的影响，被饮食规律所左右。

当光线变化和饮食规律处于相同的节奏中时，能够实现良好的睡眠规律。在起床后1个小时之内，晒晒太阳、吃份早餐，就是在向身体传达新的一天开始的信号。

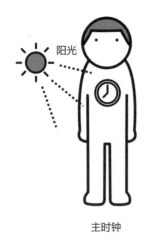

阳光

主时钟

饮食

末梢时钟

健康笔记

生物钟混乱导致的基因异常会提高罹患癌症的风险

东京医科大学牙科名誉教授藤田弘一郎表示，如果生物钟混乱，不管什么病的患病风险都会上升。人体细胞中被叫作"时钟基因"的基因如果因生物钟混乱而出现异常，很有可能会引发癌症。

第 6 章

健康的身体由健康的饮食塑造!

战胜压力,
强大内心的饮食习惯

感到压力的时候, 还像往常一样饮食容易造成营养不良。通过更加健康的膳食习惯来强健体魄吧。

大多数人不是死在剑下，而是死于酗酒和暴饮暴食。

——医学家、内科医生　威廉·奥斯勒

营养不良可导致疲劳和压力，不可或缺的营养素是这些

快餐或便利店食物无法消除疲劳

人体中将组成身体的物质进行分解再利用的活动叫作新陈代谢。肉体疲劳指的就是新陈代谢减慢的状态。

很多营养素无法由人体自己创造，必须要通过饮食来获取。比如人体内构成蛋白质的氨基酸一共有21种，其中有8种人体无法合成（儿童9种）；也有些形成细胞膜、合成激素的脂质无法在体内合成；钙、镁元素是构成骨骼和牙齿的主要营养素，铁元素是形成红细胞不可或缺的，这些人体也无法合成；除了这些营养素，还有能促进新陈代谢、调整身体功能的维生素等。

若是一直吃快餐或便利店售卖的三明治、饭团等食物，就无法充分摄取营养素。尽管摄取了能量，还是容易出现"营养不良"现象。这样一来，若想消除疲劳就要花费更多的时间，从而导致工作效率降低，而效率降低又需要更多的时间来工作，于是又没有多余的时间充分摄取营养价值较高的食物，从此陷入恶性循环当中。

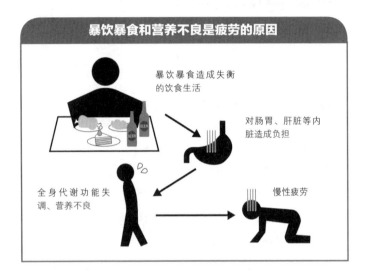

健康笔记

营养饮品并不能消除疲劳

瓜果汁类营养饮品能使血糖升高，激活大脑，或是借助咖啡因的作用也可让大脑变得暂时清醒，但这都只能起到一时的作用，无法从根本上消除疲劳，所以不要过于相信营养饮品的功效。

蛋白质、糖、铁元素、维生素C不足会导致疲劳

蛋白质、糖、铁元素、维生素C这些营养素缺乏会直接导致营养不良。

首先是构成肌肉的蛋白质。所谓蛋白质代谢，是将体内的蛋白质分解成氨基酸，再将氨基酸合成新的蛋白质的活动。如果没有从饮食当中补充到充足的蛋白质，人就容易感到疲惫。对于习惯锻炼肌肉的人群，为了保持肌肉更应该定期、定量摄取蛋白质。蛋白质中含有的"咪唑二肽"成分，能使大脑和肌肉良好运转，促进疲劳的消除。

受"无糖减肥热"的影响，糖常被敬而远之，但糖却是人们不可或缺的营养成分。运动时之所以疲惫感强烈，是因为体内的糖被消耗殆尽。感到压力和紧张的时候，大脑对糖的需求增加，因此要定期、适量补充糖。那些因为忙碌而不能好好吃饭的日子里，傍晚时分就会出现糖不足的情况，如果还需要加班就更需要及时补充糖了。

铁元素也对消除疲劳有促进作用。血液中输送氧气的红细胞和血红蛋白的数量因铁元素不足而减少时，携氧能力也会减弱。当细胞和器官处于低氧状态时，人就容易产生疲惫感。除了饮食摄取不足，吃太多速食食品也会导致缺铁性贫血，因其包含的磷酸盐会阻碍铁元素

的吸收。

人体自身无法合成维生素C，所以必须通过饮食进行补充。具有抗压功效的雄激素和雌激素等类固醇激素的生成，需要消耗大量的维生素C。维生素C摄入不足时，抗压的类固醇激素生成不足，会降低人体从疲劳中恢复的速度。

只有充分摄取上述营养素，身体才能快速从疲劳中恢复。

缺乏蛋白质、糖、铁元素、维生素C → 疲劳

健康笔记

若要服用补充剂就选择膳食补充剂

膳食补充剂是一种含有人体内存在或来自食物的营养成分的补充剂。与其他补充剂对比，基本上都是膳食补充剂更胜一筹。营养不良时，在专业人士指导下充分使用膳食补充剂会有意想不到的效果。

养成有益身心、增加5-羟色胺的饮食习惯，从身体内部预防压力的产生

关键点：好好吃饭

暴饮暴食消除不了压力

一有压力就暴饮暴食是不行的，越有压力就越要吃些对身体有益的食物，照顾好自己的身体。

多吃能够增加5-羟色胺的食物，对大脑也有好处。5-羟色胺由色氨酸合成，但色氨酸难以在体内合成，需要通过膳食进行补充。此外，还要摄取一些与色氨酸一起合成5-羟色胺的维生素B_6，以及将色氨酸输送到大脑内并有助于消化吸收的糖。只有色氨酸、维生素B_6、糖这3种物质同时摄取，才能生成充足的5-羟色胺，更有助于缓解压力。

但是没有必要依赖价格高昂的食材和膳食补充剂。可以选择含有丰富色氨酸的鸡蛋、大豆制品、芝麻、坚果、奶制品等食物。鱼类、豆类、大蒜、生姜中含有丰富的维生素B_6，只要食用鱼、纳豆、豆腐等就能够充分摄取。此外，还存在着同时含有色氨酸、维生素B_6、糖这3种营养素的"完美"食物，那就是香蕉，可以在早饭的时候适量吃一些或是平时当点心食用。

有助于 5- 羟色胺产生的食物

烤鱼等鱼菜比肉菜所含的维生素B_6更多，脂质的质量也更高。水煮菜，以及纳豆、豆腐等配菜都有利于保持营养均衡。在外边吃饭的时候，比起汉堡等，这些食物会更好。

 健康笔记

选用当季食材做的食物是较理想的健康餐

摄取有益大脑还能缓解压力的膳食并不困难，选用当季的蔬菜、贝类等食材做的食物就能实现。

不会带来压力的膳食法，"一日14个种类法"实现均衡膳食

关键点： 一日14个种类法

通过一日三餐实现膳食均衡

体能训练师中野·詹姆斯·修一提倡不会积攒压力和疲劳、均衡膳食的"一日14个种类法"。这种方法不需要计算能量，内容简单且容易坚持，还能轻松实现营养均衡。很多跑步爱好者和运动员都采用了这种方法。

"14个种类"指的是谷物类、肉类、鱼贝类、豆类及豆制品、鸡蛋、牛奶及奶制品、黄绿色蔬菜、浅色蔬菜、菌菇类、薯类、海藻类、水果、油脂、嗜好品，所谓"一日14个种类法"即每天食用一次每个种类下的一种食物。

米饭和面包等谷物类比较特殊，可以作为主食每餐食用；并且，上一餐没有吃到的种类在下一顿的菜单中要优先选择。

比如，早上搭配吐司、玉子烧、牛奶，对应谷物类、鸡蛋、牛奶及奶制品这三个品种。中午吃烤鱼、拌小松菜、纳豆、裙带菜味噌汤，甜品是苹果，对应鱼贝

14个种类

一日

类、黄绿色蔬菜、豆类及豆制品、海藻类、水果。晚饭
吃烤鸡肉串、烤香菇、沙拉、薯片、高杯酒（掺苏打
水加冰的威士忌），对应肉类、菌菇类、浅色蔬菜、油
脂、薯类、嗜好品。这样一来一日14个种类就齐全了。
忙的时候，"午餐就用便利店的三明治解决""在小吃
摊吃碗荞麦面就行"这类情况时有发生，这时可以在早
晚餐中补全中午没有吃到的种类。

除了谷物类，同类食物无须重复食用，自然而然就
避免了能量的过度摄入。

"一日14个种类法" 轻松实现膳食均衡

饮食固然重要，但如果精神过于紧张、不断追求完美饮食，很容易中途泄气，然后开始依赖富含多种维生素的膳食补充剂。学习"一日14个种类法"，可以轻松实现膳食均衡！

肉类

富含人体所必需的氨基酸。肉类摄取不足的时候容易导致体内蛋白质不足。如果在意能量，可以尽量避开脂质较多的肉和加工肉，选择瘦肉或鸡胸肉，在做法上下一些功夫。

谷物类

米饭和面包作为主食一天食用3次，其中富含的糖是身体的能量来源。若是食用杂粮或全麦粉等精加工程度较低的食物，除了糖之外，还能摄取到膳食纤维、维生素和矿物质。

豆类及豆制品

豆类及豆制品自古以来就是作为蛋白质来源的重要食材。大豆和大豆制品中含有维生素，钙、镁、锌等矿物质和膳食纤维。大豆以外的其他豆类中也含有许多糖。

鱼贝类

富含人体所必需的氨基酸。鱼、墨鱼、虾是低脂质、高蛋白食物，有益于膳食均衡。此外，青鱼和金枪鱼含有二十五碳五烯酸（EPA）和二十二碳六烯酸（DHA），能够减少多余的中性脂肪，防止血栓生成，消除疲劳。

牛奶及奶制品

牛奶是最容易摄取的蛋白质来源，富含人体所必需的氨基酸，也含有人体容易缺乏的钙元素和促进钙吸收的维生素D。由于其含有的类脂质比蛋白质更多，在意这一点的话可以选择低脂类型的牛奶及奶制品。

鸡蛋

鸡蛋被誉为完美的营养食物，富含蛋白质、脂质、维生素和矿物质。不过鸡蛋的胆固醇含量较多，需要控制摄入量，如果胆固醇代谢功能没有问题，每天可以吃1~2个鸡蛋。

浅色蔬菜

除了维生素和矿物质，浅色蔬菜还含有植物化学成分。洋葱的植物化学成分具有抗酸化的作用，卷心菜和白菜中的植物化学成分有助于肝脏解毒，吃火锅或做汤菜的时候可以多放一些。

黄绿色蔬菜

颜色较深的黄绿色蔬菜除了含有维生素、矿物质和膳食纤维，还富含多酚等植物化学成分，虽然不是营养素，却具有抗酸化的作用，而氧化正是导致疲劳的原因。日本厚生劳动省提倡每天至少食用120克黄绿色蔬菜。

薯类

薯类富含糖，糖是能量的来源。其中，土豆和番薯含有大量难以被酶消化掉的淀粉和抗性淀粉，能够抑制血糖值的急速上升，达到减肥的功效。同时，薯类还富含维生素C。

菌菇类

菌菇类属于低能量食物，很适合减肥时食用，含有膳食纤维及叶酸等，也含有钾等矿物质。香菇干和木耳干等干货富含能够促进钙吸收的维生素D。

水果

含有具有抗氧化功效、能够防止疲劳的维生素C、钾等营养素，以及各种各样的植物化学成分，和其他具有抗氧化作用的物质。不过果汁不包含在内，因水果榨成汁后大部分营养素都流失了。

海藻类

含有丰富的维生素、矿物质和膳食纤维。膳食纤维能够平衡糖的吸收，抑制血糖值的急速上升，也能让人产生饱腹感。海苔和羊栖菜、海带等也很方便储存。

嗜好品

酒除了能量之外不含其他营养素，所以被称为"全卡食物"。虽然对身体来说不是营养素，但若能善加利用、合理摄入、适量饮酒可以成为健康饮食生活的动力源。

油脂

包括植物油等液体"油"，黄油和猪油等固体"脂"。α亚麻酸和亚油酸是体内无法合成的必需脂肪酸。常吃外卖或加工食品会导致油脂摄入量过多，要多加注意。

如何通过控制血糖来保持好状态

关键点： 控制血糖

饮食的时机和糖的种类都很重要

现在运动员们和职场人士关注更多的是"如何控制血糖"。血糖指的是血液中的葡萄糖含量，饮食过后就会上升，这是因为糖被分解成葡萄糖，被小肠吸收后经血液运送至身体各个部位，其中大脑是最需要葡萄糖的器官。血糖急剧下降的时候人会变得迷糊发困，有时还会出现焦虑不安、情绪无法稳定的情况。所以，如何控制血糖成为运动界和职场共同关注的事情。

血糖深受饮食间隔和糖摄入量的影响。三餐之间间隔时间过长的时候，血糖会发生剧烈变化，低血糖会引起精神不振，导致行动力减弱。这时就需要补充糖，每隔3~4小时适量吃一次含糖食物可以维持血糖的稳定。此外，虽然同样含有糖，但精米比糙米的糖更好吸收，苹果汁比苹果的糖更好吸收。

如果血糖的上升与下降幅度过大且这样的波动经常发生，将严重影响大脑的状态。

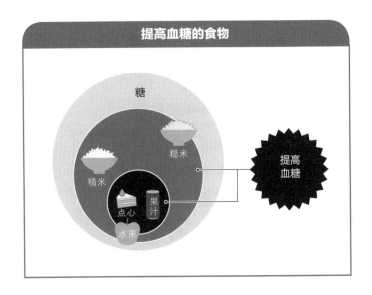

健康笔记

美国航天航空局（NASA）推荐的防止焦虑的有效手段

　　航天员长时间和同一批人在宇宙飞船中共事，容易产生焦虑情绪。NASA的研究表明，控制血糖能有效防止焦虑。

太阳、蛋白质、糖，早上从这三个 "ta" 开始吧

关键点： 蛋白质和糖相结合的早餐

仅食用吐司和咖啡无法维持一上午的专注力

若想每天上午都能高效工作，就要重视开启早晨的方式。起床后1个小时之内，获取这三种 "ta" [①] 吧，即 "太阳" "蛋白质" "糖"。

体内受阳光影响而进化出来的生物钟叫 "主时钟"，受食物影响进化出来的生物钟叫 "末梢时钟"。这两个生物钟若能保持同步，可以确保体内生物钟正确有效地运转。

因此，不仅需要定量摄取能够保持大脑清醒和补充能量的糖，也要定量摄取蛋白质。早饭摄入蛋白质可以抑制血糖的急剧上升，使上午不易感到困倦焦躁，还能减轻空腹感，减少对零食的食用。忙起来的时候很多人就只顾得上吃吐司、喝咖啡，但是如果想要维持一上午精神抖擞，可以吃份带有煎荷包蛋的早餐，或是带有煮鸡蛋、纳豆的早餐，这些都是摄入蛋白质和糖的好选择。

---

① 日语中太阳、蛋白质、糖这三个单词的第一个假名发音都是 "ta"。

早上不可或缺的三个 "ta"

沐浴晨光，吃一份含有蛋白质、糖的早餐是最理想的。

太阳　　　　　　　蛋白质　　　　　　　糖

 健康笔记

早饭选择蛤蜊味噌汤和纳豆饭的理由

　　苦恼于压力性失眠的时候，可适量多摄入能够调整自主神经平衡的维生素B_{12}。味噌、酱油、纳豆、青花鱼、沙丁鱼、奶制品、蛤蜊中富含钙和维生素B_{12}，可以选择在早上喝蛤蜊味噌汤和吃纳豆饭等日料来预防压力产生。

下午的状态取决于午餐！
通过低血糖指数饮食来控制血糖

关键点： **低血糖指数食物**

下午昏昏欲睡可能源自午餐选择的失败

有的人午饭后会发困想睡觉，工作效率低。这类人午餐可以考虑"低血糖指数（GI）饮食"。

GI是摄入含糖食物后血糖是否易于升高的判断指标。葡萄糖的GI值最高，多糖其次，然后依次是蛋白质、脂肪。若午餐的GI值较高，饭后血糖会急剧上升，使注意力无法集中，并引起困意。

糙米的GI值比精米低，荞麦面的GI值比乌冬面低，因为糙米、荞麦面含有膳食纤维。此外，比起面包，意大利面的GI值更低。与其在便利店买三个饭团，不如在家煮两个鸡蛋或是做一份沙拉。别再用盖饭解决午餐，可以选择营养素丰富的多种类食物拼盘，再加些蔬菜。

此外，进食顺序的不同也会影响血糖的变化。先吃蔬菜等膳食纤维含量较多的食物，再吃富含蛋白质的食物，按照从低GI值到高GI值的顺序进食，这样就不会引起血糖急剧上升。

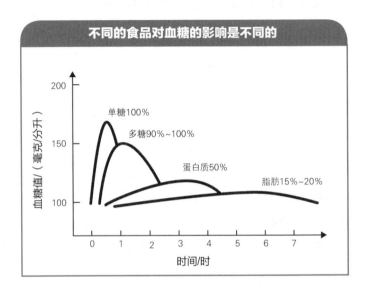

不同的食品对血糖的影响是不同的

血糖值/（毫克/分升）

单糖100%

多糖90%~100%

蛋白质50%

脂肪15%~20%

时间/时

健康笔记

要吃零食可以吃坚果，不会轻易引起血糖升高

三餐间血糖比较容易下降，这时可以吃些不会使血糖急剧上升又有饱腹感的坚果。注意要选择无盐坚果，且食用量控制在一个拳头的大小。

细嚼慢咽可以有效促进5–羟色胺的分泌

关键点： **咀嚼速度**

咀嚼是一项优秀的节律运动

5–羟色胺的产生不仅需要吸收来自食材的营养成分，还需要"咀嚼"。一定节奏的节律运动能够促进5–羟色胺的分泌，而咀嚼正是一项优秀的节律运动。确保一日三餐并且在用餐时保持一定的咀嚼次数，尽量每吃一口就咀嚼20～30次，可以花上20～30分钟吃一顿饭。

吃饭快的人可以选择黑麦面包、糙米等耐嚼的主食，小吃选择牛蒡、莲藕、萝卜干等需要多次咀嚼才能下咽的食物。把食材切成大块，也能够增加咀嚼的次数。

吃饭的时候不要看报纸、看电视，把注意力放在咀嚼上，能够更好地促进5–羟色胺分泌。不要"分心咀嚼"，用餐时好好品尝食材的味道，体味食物的口感，也有助于消化，可谓"一举两得"。

临睡前吃东西，导致肠胃在睡眠中也要继续工作，不利于缓解疲劳。晚饭尽量在睡前2~4小时解决，少以茶泡饭等高GI食物作为夜宵。

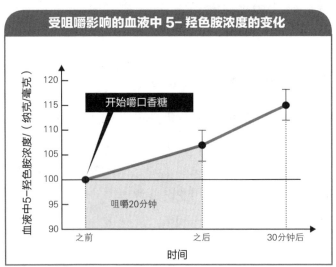

受咀嚼影响的血液中 5- 羟色胺浓度的变化

开始嚼口香糖

咀嚼20分钟

血液中5-羟色胺浓度/（纳克/毫克）

120
115
110
105
100
95
90

之前　　　　　　之后　　　30分钟后

时间

健康笔记

嚼一嚼口香糖，有助产生5-羟色胺

除了饭食，还可以通过咀嚼口香糖来促进5-羟色胺的分泌。有节奏地咀嚼5～20分钟能够有效缓解焦虑。很多运动员都会通过在比赛中咀嚼口香糖来稳定情绪。

让压力瞬间消失的行为，
从今天开始要放弃的错误饮食习惯

关键点： 难以产生5-羟色胺的饮食习惯

难以产生5-羟色胺的饮食习惯是什么？

出人意料的是，很多我们习惯做的事情都会抑制5-羟色胺的产生。改变错误的饮食习惯，可以促使5-羟色胺的高效分泌。

有些人常常不吃早饭，只用膳食补充剂或果冻来果腹，这并不好。虽然个人能够购入含有5-羟色胺的药剂，但也有报告称这些药物具有引起痉挛和睡眠障碍的副作用。其实，保持膳食均衡，就已经能够充分摄取合成5-羟色胺的营养成分。

不怎么吃促进5-羟色胺分泌的食物，只吃阻碍5-羟色胺产生的肉食的人难以产生5-羟色胺。不考虑营养均衡，想吃什么就吃什么的人也很容易陷入这种困境。

细嚼慢咽这种节律运动能够促进5-羟色胺的分泌，而不怎么咀嚼就匆匆下咽的饮食习惯实在是暴殄天物。因此从咀嚼度来看，不怎么吃根菜、干货、糙米等硬食物的人，咀嚼次数少，也经常与促使5-羟色胺分泌的机会失之交臂。

错误

常吃快餐　　　　　　　　　依靠膳食补充剂

健康笔记

能够促进5-羟色胺分泌的"精进料理"

"精进料理"以糙米为主，还包括豆腐等大豆制品和蔬菜等配菜。"精进料理"由于富含能够促进5-羟色胺合成的食材，被称为最理想的料理。细细品味这些料理，烦躁的心情也能平静下来。

检查便利店食物的营养成分，选择不会降低大脑运转效率的食物

关键点： 配料表、营养成分表

避免过度摄入糖可促使大脑稳定运转

现代人在饮食生活中很容易过量摄取糖，从而导致血糖急剧变化，大幅降低饭后的工作效率。最好要尽量避免糖的过量摄取。

例如，在便利店购买食物时，可以认真看下贴在容器上的标签，上边有详细的"配料表"和"营养成分表"，按照非食品添加剂、食品添加剂、致敏物质的顺序标示。此外，也有的按照使用量从高到低的顺序进行标示。营养成分表常按照能量、蛋白质、脂质、糖、食用钠的顺序进行标示。

检查配料表和营养成分表，尽量选择含淀粉、加工淀粉等糖的含量少的东西。较之精米，含有糙米和杂粮的食品会更好。如果米饭含糖量过多，可以搭配摄入配菜，减少米饭摄入，这也是一种控制糖摄入量的好办法。

在便利店选择便当的时候检查下这里

1包的量　能量2 692千焦　蛋白质18.9克

名称：便当

配料：米饭（使用国产米）、可乐饼、鲑鱼烧、炸虾、煎鸡蛋、炸肉丸、煮莲藕、调味梅干、浓厚沙司、煮胡萝卜、蛋黄沙司、加蔬菜的煮白薯、酱油料汁、炒芝麻

山梨糖醇、人工淀粉、pH值调剂、浆糊（人工淀粉、多糖类）、调味料（氨基酸等）、甘氨酸、磷酸盐（钠）、着色剂（焦糖、蔬菜色素、类胡萝卜素、姜黄、红曲色素、紫胶、可可）、酒精、乳化剂、酸味料、酸化防止剂、酵母活化剂

甜味剂（三氯蔗糖、甜菊）、香辛料（原材料的一部分含有小麦、牛肉、猪肉、鸡肉、明胶、苹果）

— 原材料名 —

非食品添加剂

食品添加剂

致敏物质

 健康笔记

能量饮料中有大量的糖，过量饮用会导致糖摄取过量

　　250毫升的能量饮料中大概含有9颗方糖的糖分，虽然可以使血糖瞬间升高，让人变得精神，但之后血糖又会急剧下降，使大脑变得疲劳。

食用莴苣后会发困？
与褪黑素具有相同功效的成分还有哪些？

关键点： 山莴苣苦素

莴苣具有催眠效果

波多黎各的原住民使用莴苣来代替麻药，欧洲童话书中用"食用后立刻就会睡着"来描述莴苣。莴苣中含有山莴苣苦素等成分，与引发睡眠的激素作用相同，可以对大脑的睡眠中枢造成影响。该成分刺激垂体向全身发送睡眠信号，使肌肉变得松弛，心脏搏动速度变慢，从而让人入睡。

原本晚上8点左右，人的身体就会为褪黑素的分泌做准备。然而，如果受压力的影响，人体内该生理过程被打乱，人就始终无法产生睡意。山莴苣苦素能够通过食用莴苣轻松摄取，生效快也是其重要的特征。莴苣食用后被消化吸收，30分钟左右山莴苣苦素就可以传递到大脑。晚上睡不着的时候，可以试着吃些莴苣。

100克莴苣中大约含有20毫克山莴苣苦素，芯里含有的比叶子中更多，可以连芯一起吃，食用四分之一个莴苣（约120克）就能够引起睡意。莴苣比较耐热，也可以加热后食用。把莴苣做成汤，其营养成分会溶解到汤里，也可以吃菜喝汤。

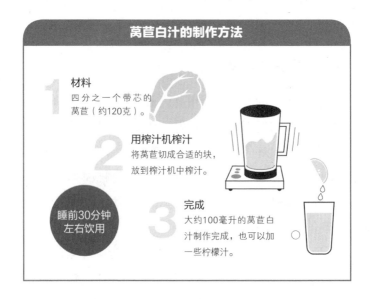

莴苣白汁的制作方法

1 材料
四分之一个带芯的莴苣（约120克）。

2 用榨汁机榨汁
将莴苣切成合适的块，放到榨汁机中榨汁。

睡前30分钟左右饮用

3 完成
大约100毫升的莴苣白汁制作完成，也可以加一些柠檬汁。

 健康笔记

晚饭吃韭菜炒猪肝或这类馅的饺子能有效应对失眠

葱、韭菜、胡萝卜当中含有的部分成分也能作用于自主神经，达到安神的效果。晚饭吃韭菜炒猪肝或这类馅的饺子能够帮助人们轻松熟睡。

体寒容易变老、生病，就用生姜和味噌驱寒保暖吧

关键点： **体寒是万病之源**

"体寒是万病之源"并不是错觉

都说不注意保暖对身体不好，但具体是为什么有害健康呢？首先，受寒引起自主神经紊乱，身体就容易出现疼痛症状，代谢功能变差，还容易导致肥胖。其次，受寒引起免疫力下降，非常容易导致患上花粉症和皮炎等过敏性疾病，并且使人对致病微生物的抵抗力下降，还容易引起风寒等。最后，肝脏、肾脏和肠等内脏功能也会下降，其中肠功能的下降密切关系到大脑的活动，容易诱发认知障碍；由于其会影响到精神活动，也容易导致抑郁症。

这些症状所有的外在表现都体现在"老化"上。不论怎么做抗衰老保养，使用多么昂贵的护肤品，只要一日放任体寒不管，这些努力就都是白费的。

可以喝一碗添加1杯味噌汁和10克姜末的"生姜味噌汤"来祛寒。其中姜末的芳香成分和辛辣成分能够促进新陈代谢和血液循环，搭配口味独特的味噌汁，堪称"完美"祛寒料理。

生姜、味噌汁合力祛寒

生姜的功效

- 促进血液循环
- 祛寒
- 促进新陈代谢
- 发汗作用

味噌的功效

- 温暖身体
- 激活大脑
- 调整紊乱的胃肠功能
- 促进基础代谢

双重功效打造温暖的身体

 健康笔记

能够祛寒和消肿的喜马拉雅红茶

　　在茶杯中放入半勺姜末，然后倒入红茶，撒些肉桂粉，这就是来自印度的"喜马拉雅红茶"。因其具有祛寒、消肿、舒缓肩酸背痛、预防失眠、减轻更年期综合征的效果而广受欢迎。

黑芝麻雪花菜竟然还可以调节激素平衡，解决女性的烦恼

关键点： **黑芝麻雪花菜**

年轻时就开始每天摄入黑芝麻雪花菜，打造健康的身体

黑芝麻雪花菜[①]能够缓解便秘、肥胖、妇科疾病、骨质疏松等。

黑芝麻不仅含有脂质和蛋白质，还包括膳食纤维、维生素和矿物质。其中的脂质是优质的亚油酸，能够减少人体内多余的胆固醇，预防和改善高血压和动脉硬化。并且，黑芝麻含有许多人体所必需的氨基酸。此外，白芝麻和金芝麻也不错，不过营养成分最为均衡的还是黑芝麻。

雪花菜中不仅含有大豆的营养素和有效成分，膳食纤维也非常丰富。它和牛蒡相比更为柔软，也有利于肠胃健康，还具有增加肠道益生菌的作用。其异黄酮含量丰富也是不可忽视的优点。异黄酮与人体内一种雌激素的作用非常相似，这种激素的分泌量会随着年龄的增大逐渐减少，从而引起更年期综合征和骨质疏松。通过摄

---

① 雪花菜是以豆腐渣为原料制作的一种菜。

取雪花菜补充异黄酮可以调整激素的平衡。

很多年轻女性苦恼于经期不稳定和痛经，如果放任这些症状不管，未来会使更年期综合征更易发生甚至症状加重。所以还是要趁着年轻的时候，多食用黑芝麻雪花菜来调理身体。

黑芝麻雪花菜的制作方法

1 在用中火烧热的平底锅中放入200克豆腐渣，用木锅铲搅拌摊平炒上3~4分钟，直至水分蒸发。

2 豆腐渣炒成碎末状之后，放入一大勺酱油、二分之一大勺甜料酒、一小勺醋，转小火使整体味道融合。

3 放入四大勺黑芝麻，搅拌至整体融合之后就完成了。

健康笔记

易于食用的黑芝麻雪花菜每天都可以吃一点

用平底锅翻炒豆腐渣和黑芝麻做成的"黑芝麻雪花菜"是能够调理身体的手工健康食品，可以每天吃一点。可以直接吃，也可以放到可乐饼中，或者撒在饭上吃，都同样美味。

针对男性的烦恼，可用山药和香芹来解决

关键点： 脱氢表雄酮

在美国比较受欢迎的、能够"返老还童"的激素可以从常见的山药中获取

尿频、尿不尽、精力衰退而导致勃起功能障碍、抑郁……男性更年期综合征与雄激素的减少有关。雄激素减少会导致前列腺肥大，引起排尿不畅，出现勃起功能障碍等问题。雄激素减少与年龄增长、体力和呼吸功能下降、自主神经的功能变差等有关。这种因雄激素减少而引起的不佳状态可以通过脱氢表雄酮（DHEA）来改善。在美国等国家，添加DHEA的补充剂和健康食品非常受欢迎，实际上这些补充剂和健康食品的原材料大多是山药。也就是说，吃山药可以在一定程度上维持雄激素的分泌。

山药的成分当中，能够作为DHEA原料的是薯蓣皂苷配基和皂角苷配基这两种成分，其还具有抗氧化作用。吃之前一定要将山药切碎，这样才能更好地吸收其有效成分。山药还可以和维生素C一起食用，维生素C具有激活合成DHEA的作用。

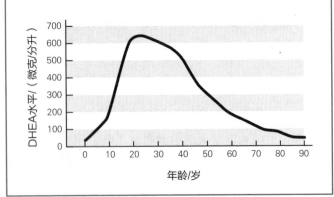

DHEA 水平降低会加速老化?

DHEA随着年龄的增长逐渐减少,20岁左右达到顶峰,40岁左右含量约为50%,60岁左右含量下降到30%,80岁左右含量下降到10%~20%。

健康笔记

山药和香芹能够提高雄激素的分泌量,提高男性活力!

将100克山药去皮切片,再切50克香芹,将山药片与香芹混合炒熟之后加盐调味即可。这样做出来的山药和香芹,还能够增加维生素C的摄入,是非常棒的料理。也可以加少许酱油和日式汤汁,一周食用2~3次,坚持服用,可有效提高雄激素分泌量。

30岁左右就开始吃这个！
能够解决男性烦恼的海藻米糠食品

关键点： 海藻米糠食品的功效

让人郁郁寡欢的男性"更年期综合征"

不止女性会患上更年期综合征，男性也一样，体内激素水平发生变化就会给身心带来各种各样的影响。

男性更年期最明显的症状是前列腺肥大，排尿不再通畅，更有甚者会导致勃起障碍。到了50岁左右，工作压力增大，疲劳感增多，会衰弱得更快。很多男性意识到这一点后，将不由自主地产生作为男性"已经完了"的想法，变得更加失落。

如果要想提前预防这种情况，把目光投向"海藻米糠食品"吧，这类食品主要含有以下4种成分。

第一种是墨角藻，这是一种生长在北欧各国沿岸或大西洋沿岸岩石上的特殊海藻，锌元素含量高。锌是矿物质营养素，在维持前列腺功能方面有着巨大贡献。第二种是米糠，从米糠当中萃取的膳食纤维，能够提高身体功能和免疫力。第三种是南非醉茄，被称为"印度人参"，自古以来就被人认为具有提高精力的效果。第四种是仙人掌，墨西哥产的仙人掌，能够促进血液循环，提高勃起能力，降低血糖。

海藻米糠食品

 健康笔记

性功能提升也是恢复自信的契机

　　除了肉体上的衰弱，精神上压力倍增也是男性"更年期综合征"的主要特征。其中，性功能的提升涉及自信心的增强，是恢复精神健康的重要切入点。从这种意义上来说，在相关专业人士指导下，通过保健食品来提升精力也是很好的选择。

女性迎来更年期的时候就吃这个！
摄入大豆异黄酮，无惧年龄增长

关键点： **大豆异黄酮的功效**

雌激素样作用，拯救更年期女性

大豆异黄酮的功效早已鼎鼎大名，在此重新介绍它的功能和构造。大豆的种子，特别是胚芽部分营养成分含量较高，具有雌激素样作用、抗氧化作用、含有膳食纤维这3种特点。其中最受瞩目的是雌激素样作用——大豆异黄酮中含有的染料木在体内会转变为染料木素，具有和雌激素相似的功能。

雌激素原本是由卵巢分泌产生的，通过血液运送至各个脏器并发挥作用。到了更年期，卵巢功能下降，雌激素的分泌量也随之下降，出现激素失调，是更年期综合征主要表现之一，并常合并其他各种各样的症状，骨质疏松和动脉硬化的风险也很高。

由于大豆异黄酮的构造和雌激素非常相似，摄取之后人体会将其当作雌激素，产生雌激素样作用；而且，由雌激素分泌失调导致的乳腺癌等风险也能够得到抑制。

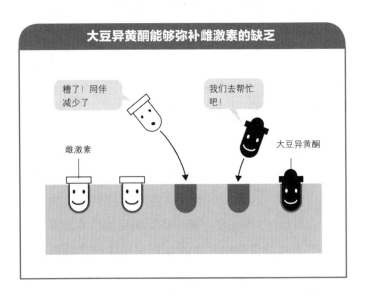

大豆异黄酮能够弥补雌激素的缺乏

糟了！同伴减少了

我们去帮忙吧！

雌激素

大豆异黄酮

 健康笔记

做一杯雪花菜茶，高效吸收大豆的营养成分吧

　　雪花菜即是大豆的渣滓，含有丰富的大豆异黄酮。将豆腐渣放入平底锅中用小火炒20~30分钟，炒至浅咖啡色的末状后关火。用杯子量1人份喝的水量，然后倒入锅内，这样雪花菜茶就做好了。

激活大脑神经系统、放松心情的 γ 氨基丁酸

发芽的糙米和巧克力中含有的可靠成分

γ 氨基丁酸（GABA）是氨基酸的一种，对大脑神经系统的活动起着重要作用，能够激活中枢神经系统并促进其正常运转。发挥"加速器"作用的是谷氨酰胺，能够缓解大脑和神经疲劳，降血压，而起到"制动器"作用的是GABA。"加速器"经常处于全开状态就会造成神经疲劳，压力增加，而GABA能够有效地抑制这种情况，对压力、抑郁症、自主神经功能失调、更年期综合征都有一定的缓解作用。GABA更常见的作用还有降血压、抑制甘油三酯，在提高肝功能和肾功能方面也有效。如果饮酒过多，也可以摄入GABA，其能够帮助分解掉酒精。

GABA缺乏的时候，人会变得焦躁，还会苦恼于身体的不适。人在睡眠中，尤其是在进入深度睡眠之后才会生成GABA，所以睡眠不足也会导致GABA生成不足。不过最近得到证实，从食品当中摄取的GABA也能够被输送至大脑，所以适量积极摄取GABA或许可以消除其不足带来的不适。发芽的糙米和巧克力当中含有丰富的GABA，可以适量补充这类食品。

	GABA 的效用			
病症	切实改善	一定程度上的改善	发生变化	出现恶化
更年期综合征	0人	6人	3人	0人
自主神经功能失调	0人	2人	1人	0人
初老期抑郁症和初老期认知障碍	1人	3人	1人	0人
抑郁症和躁郁症	1人	2人	0人	0人

 健康笔记

从身边的食品中就可以高效摄取GABA

除了发芽的糙米和巧克力之外，西红柿也含有大量的GABA，在其他蔬菜，如土豆和茄子中的含量也比较高。水果中如温州蜜柑、柚子、甘夏蜜柑等中的GABA含量较多。此外，葡萄也富含GABA。

钙能够调节激素的分泌，维持血液中的钙含量可以永葆青春？

关键点： 银合欢茶的功效

冲绳的银合欢茶中的钙含量是乌龙茶的50倍！

钙是人体不可或缺的矿物质营养素，血液中的钙能够激活细胞，具有促使激素正常分泌的功效，但是日本人的钙摄取量存在慢性不足的问题。钙具有难以吸收、易于流失的特性，并且人体内的钙含量还会随着年龄的增加而减少。尤其在女性闭经以后，随着雌激素分泌的减少，体内的钙含量也迅速减少。更年期以后的女性患骨质疏松的风险非常高的原因也正在于此。

深受冲绳当地人欢迎的银合欢茶因其较高的钙含量而备受瞩目。银合欢是生长在亚热带地区的豆科植物，银合欢茶就是由银合欢发酵制作而成。银合欢中富含钙、磷、镁、钾、铁、锌等多种人体必需的矿物质营养素，银合欢茶中的钙含量是乌龙茶的50倍。很多人都爱喝银合欢茶，因为该茶对更年期综合征、骨质疏松、痛风、过敏等都具有改善作用。钙能够减缓由于细胞老化带来的肌肤的衰老和毛发的减少，促进血液通畅。所以，一定要积极地尝试一下银合欢茶。

银合欢茶

 健康笔记

50岁以上的女性中，约每3个人当中就有1个人患有骨质疏松！

骨骼的密度在18岁左右达到顶峰，之后随着年龄的增加骨骼的密度逐渐降低，对钙的吸收量也逐渐减少。尤其是女性，在50岁左右闭经后体内钙含量急剧下降，50岁以上的女性当中约每3个就有1个患有骨质疏松。

"卡路里"含量为0，也会导致长胖？人工甜味剂的危害是什么？

关键点 : 人工甜味剂的"陷阱"

"低卡"就放心？ 殊不知大脑已经产生依赖

以清凉饮料为例，很多以人工甜味剂为原料的甜品和冰淇淋商家都宣传自家产品是"0卡路里"或者是"低卡路里"。但是，最近的相关研究结果给很多人敲响了警钟——即使是这种人工甜味剂也会导致发胖。这是因为甜味会刺激、诱导胰岛素的分泌，而胰岛素具有促进细胞、组织利用葡萄糖的作用，当摄入"0卡路里"的甜品时，葡萄糖未摄入，胰岛素的量就会逐渐增多，体内葡萄糖在过量胰岛素作用下就会变成脂肪。人们常因想要减肥而特意选择的这种"低卡路里"或者是"0卡路里"的食物，结果反而造成了脂肪的累积。此外，人造甜味剂促进胰岛素分泌，加速葡萄糖的转化、利用，肚子就容易变饿，使食欲增加，导致变胖。

人工甜味剂过度摄取会让人想吃更甜的东西，大脑经常想吃甜的东西会产生依赖。购买含人工甜味剂的食物和饮料前，一定要再三斟酌。

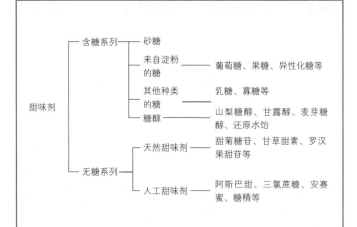

甜味剂竟然有这么多的种类

甜味剂
- 含糖系列
  - 砂糖
  - 来自淀粉的糖 —— 葡萄糖、果糖、异性化糖等
  - 其他种类的糖 —— 乳糖、寡糖等
  - 糖醇 —— 山梨糖醇、甘露醇、麦芽糖醇、还原水饴
- 无糖系列
  - 天然甜味剂 —— 甜菊糖苷、甘草甜素、罗汉果甜苷等
  - 人工甜味剂 —— 阿斯巴甜、三氯蔗糖、安赛蜜、糖精等

健康笔记

商家话术的秘密："0卡路里"也并非实际上真的是"0"

根据日本国家标准，营养成分的含量没有达到每100毫升产品中含有5 000卡能量这一标准的时候，可以用"无""0""没有""少量"等进行标注。即便饮品中含有少量卡路里，人们也不会介意，只是习惯性地"咕咚咕咚"喝下去，也在不知不觉中掉入了商家的"陷阱"。

坐在办公室也会出现脱水症状？
水是最容易缺乏的营养素

水对于所有人来说都是非常重要的营养素

水是对所有人来说都很重要的营养素。虽然每个人都知道必须要喝水，但和维生素、矿物质、糖等相比，"水"是最容易被人们忽视的营养素。缺水容易导致疲劳。

一个成年人体重的约60%都是水。水是新陈代谢的"舞台"，用于运输营养物质、保持体温，在生命活动中发挥着不可或缺的作用。脱水，即体液缺失，大脑会发出求救信号，还会导致电解质缺失。

体内水和电解质缺失的时候血液也会减少，造成血流不足，以大脑为中心的器官、组织将血流不畅，导致身体各部位缺乏氧气和营养素，人体就会感到乏力，注意力下降，还会感到手脚冰凉和头痛。

电解质流失，身体就会分解骨骼和肌肉来获取电解质，从而导致腿抽筋、麻痹、使不上劲儿等自觉症状的出现。经常出汗但又不怎么喝水的人要格外注意及时补充水和电解质。

 健康笔记

一直坐着办公也应多喝水

工作当中也要多补充水分，以促进新陈代谢，消除疲劳，还有利于预防高血压；而且多喝水后经常起身去厕所，可以确保定时走动，有益身体健康。

脱水有三种类型，要提前避免

第一种是高渗性脱水。这是体液的渗透压变高的一种脱水类型。水比电解质流失得更多，体液的浓度上升，感到口渴的基本上都是这种类型的脱水。

第二种是等渗性脱水，体液的渗透压虽然正常，但是电解质和水基本上相同程度流失，腹泻和呕吐造成的体液短时间大量流失就是这种类型的脱水。

第三种是低渗性脱水，是一种体液的渗透压变低的脱水类型，电解质比水流失得多，体液的浓度下降，口渴的程度并不强烈。

在夏天，做运动或在屋外活动的时候，很多人都会吃含电解质的药片，这就是为了预防低渗性脱水。如果出了很多的汗，却只补水，体液浓度就会变得更低。作为当事人应该拥有补充电解质的自觉，因为电解质的不断流失，会导致倦怠感和疲劳感的出现，最终有可能产生痉挛。如果没有及时缓解低渗性脱水，身体健康将存在风险。是否处于脱水状态，一般通过尿液的颜色能够做出判断。如果没有服用维生素系列的补充剂，而尿液呈现浓黄色或是茶色，就极有可能是脱水的症状。

在很多人的印象当中，办公室工作者和脱水是没有关系的。然而，由于办公室比较干燥，脱水的风险性还是很高的。长时间办公，不知不觉当中就会因为缺水而感到疲劳，这样的例子并不少见。为了补充电解质，可以试着喝一些运动型饮料，午餐加上味噌汤，然后观察疲劳的程度和身体状况有什么变化。

脱水的三种类型

高渗性脱水
体液渗透压变高，体液浓度变高，喉咙容易感到干渴。

等渗性脱水
体液渗透压正常，但因腹泻或呕吐等在短时间内流失大量的水和电解质就会导致这种症状。

低渗性脱水
体液渗透压变低，体液浓度变低，口渴不明显。

 健康笔记

喝了茶或咖啡竟还缺水了？

经常在工作当中饮用的茶和咖啡具有利尿作用，水分会被加速排出，因此即使喝了茶或咖啡也不要忘记积极喝水哦。

第 7 章

实践"正念"！

调节身心使人生无压力！

以"正念"为中心，介绍除了冥想和瑜伽，还有使用日本医学调节身心的各种各样的方法。

有意识地进行呼吸，更多的生命力就会到达体内。

——正骨疗法医师　**罗伯特·C.傅弗德**

姿势和呼吸是"不疲劳大脑"的根本，学习冥想，掌握"万能"的力量

关键点： **姿势、呼吸**

伸展背部肌肉做深呼吸

想最大限度发挥大脑的作用，很简单的一种方法就是"伸展背部肌肉做深呼吸"。现代人由于过度使用电脑和手机，易引起驼背，导致自然呼吸变浅。浅呼吸无法使氧气充分到达大脑和身体其他各个部位，大脑就会很容易感到疲劳。

呼吸这件事本身就意义非凡。吸气的时候身体开始兴奋和紧张，交感神经进入活跃状态；吐气的时候身体开始放松，副交感神经进入活跃状态。缓慢悠长地吐气不仅可以使副交感神经活跃，还可以使体内的二氧化碳聚集，促进5–羟色胺分泌量的增加。这个时候就很容易进入没有压力和焦虑、全身心放松的状态中。

实际上，姿势和呼吸的调整是冥想的基础，调整好了，注意力、想象力、记忆力、决断力等工作中经常使用到的能力都将获得提升，一定要试一试。

第一步是"调身"，也就是调整姿势。将屁股的大部分坐在椅子上，双脚放在地板上，两只手轻轻放在大

腿上握紧。伸展背部肌肉，用力将肩膀收紧，然后一下子收回力量。

第二步是"调息"，即调整呼吸。从鼻子吸气5秒，再从鼻子或嘴巴吐气10~15秒。

第三步是"调心"，即调节精神。

 健康笔记

冥想，是玄乎的东西吗？

冥想绝不是什么玄乎的东西。最近，脑科学等尖端科学研究了冥想的功效和机制，发现其具有多种积极功效。

熟练使用集中冥想和观察冥想，养成无论什么时候都能集中注意力的大脑

关键点： 集中冥想、观察冥想

注意力、决策力、灵感等也能够随心所欲地操纵！

冥想当中包括能够锻炼注意力和决策力的集中冥想，以及能够使灵感轻易涌现的观察冥想。下面对这两种类型进行说明。

集中冥想就是将自己的注意力集中在呼吸或是眼前的某一事物上。刚开始也许能够集中注意力，但逐渐脑海当中就会浮现别的东西，注意力开始变得散漫。这时要再将注意力回到原来的对象上去。

观察冥想是不要回味冥想中的思考和感情，一边观察一边顺其自然接受的方法。"真凉快啊""肩膀有一点酸啊"等，将这些涌现在心中的事物实况转播到大脑中即可。不要被思考影响，做到客观看待。

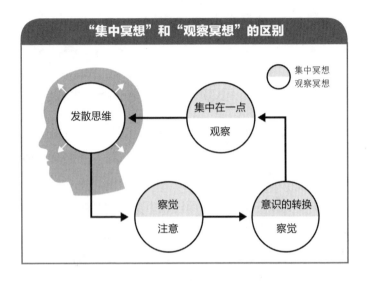

"集中冥想"和"观察冥想"的区别

集中冥想
观察冥想

发散思维

集中在一点
观察

察觉
注意

意识的转换
察觉

健康笔记

进行冥想，大脑的构造会发生变化？

　　有研究报告称，8周的冥想使大脑的胼胝体缩小了。胼胝体是与生气、恐惧相关的部位，过于活跃就会引起情绪失控的激素释放，而冥想可以预防这种情况。

在运动界、职场甚至医疗领域都备受瞩目的精神训练法

以冥想为核心创建的精神训练法

这里将对之前提到的正念冥想训练法进行更加详细的解说。这一方法的提出者是马萨诸塞州工科大学的研究人员乔·卡巴·金，他作为分子生物学研究者活跃在这一领域的同时，还亲自实践了正念冥想训练，并对正念冥想训练的效果十分关注。1979年，为使正念冥想训练在医疗当中也起到作用，乔·卡巴·金开创了"正念减压法（MBSR）"。这个方法在慢性疼痛的患者身上进行了试验，慢性疼痛患者每天最少进行45分钟的冥想，经过不同的环节加深其对冥想的理解，这样过了8周，他们不仅疼痛得到缓解，还能够顺利地进行人际交往。很明显，这个方法能够有效减轻痛苦和烦恼。

乔·卡巴·金发明的这个方法实现了正念冥想训练的"标准化"。关于"正念"的定义，他没有加上对"现在、此时此地"的这种经验的评论和判断，只是提倡尽可能地集中注意力，不去改变思维方式，而是锻炼将注意力集中放在一点上。

 健康笔记

诺瓦克·德约科维奇也实践了MBSR

　　知名男子网球运动选手诺瓦克·德约科维奇每天进行15分钟的MBSR，并将MBSR放在和身体锻炼同等重要的位置。据说这是为了消除负面情绪。

正念冥想训练在职场受到重视的原因是什么呢？

现代社会，计算机的出现使每个人处理的信息量增多，科技的变化加大了人类大脑处理信息的负担。思维开始分散失控，大脑变得恍惚，无法集中注意力，关注到这些问题的精英阶层意识到了精神训练对从事创造性工作的人们的重要性，还意识到了向员工传授精神训练法的重要性。同时，将精神训练法引入公司内教育体系的企业也在逐渐增多。

正念冥想训练并不会对大脑产生强烈刺激。例如，将注意力集中在呼吸上，也只不过是将注意力集中到平时不怎么注意的呼吸上去而已。慢慢地，会出现"今天和以往不太一样呀"等想法，开始注意到微小的变化。通过感知这种微小的变化来达到锻炼大脑的目的。

身体扫描这种技巧，也是通过轻微的刺激来锻炼大脑。按照从头、脸、颈、胸、背部、腹部、腰、右手、左手的顺序，将注意力集中到自己的身体上。通过逐渐明晰与感情直接关联的身体的感觉，也能够轻易地实现控制注意力的目的。

正念冥想训练只要进行几次就能够获得一定的效果，但为了保证效果的持续，坚持非常重要。

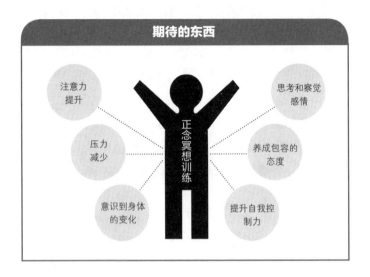

 健康笔记

每天坚持5分钟正念冥想训练

在泡澡的时候或睡前5分钟做一做正念冥想训练，也比较方便。先做两周试试看，然后就慢慢持续、坚持，成为习惯。

对现在的自己进行审视，
不用想其他多余的事情就能够解决问题

关键点： 观察自己

时常将目光投向现在这个瞬间的现实

正念，一言以蔽之，就是将目光转向现在这一瞬间的现实，感知事物原本的样子，不要被多余的思考和感情限制。

有人可能会想，为什么必须是现在这个瞬间。这是因为多余的思考和感情只会在考虑未来和过去时产生。比如对于过去，"昨天被部长挖苦而非常难受""自己的文件被否定了""自己肯定被部长讨厌了"，这样想着就会产生各种各样的烦恼；如果是未来，想着"明天一定还会被骂，不想去公司了呀""之后一定还会这样子忍耐下去"，也会变得非常痛苦。

但是，"此刻"原本并不是会刻意思考的事情。"自己现在正在走路，伸出了右脚，伸出了左脚，正在一步一步地往前走"，这样想着，自己的注意力就会集中到自己的脚下。如果考虑过去或将来的事情产生了多余的思考和感情，那就再回到"现在这个瞬间"来。通过这个方法来消除杂念，集中注意力。

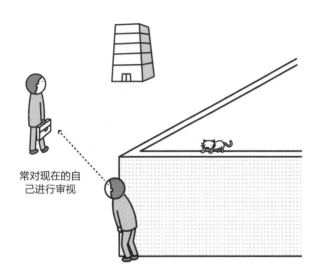

常对现在的自己进行审视

 健康笔记

正念减压法作为认知行为疗法的第三次浪潮的核心而备受瞩目

现在，正念减压法作为认知行为疗法的第三次浪潮的核心而被广泛应用。不管脑海当中浮现什么样的想法都直面自我并采取行动，能与杂念很好地保持距离，具有防止抑郁症的作用。

心绪不宁的时候呼吸也会混乱，试试这种呼吸法

关键点：3分钟正念呼吸法

生气的人嘴巴就会一张一合

怒火中烧、特别生气的人，可能没有见过自己嘴巴肆意地一张一合的样子。

人心绪不宁的时候，呼吸也会失调。担忧等负面情绪会使呼吸变弱。换句话说，可以反过来利用这个规律，平稳呼吸，情绪也能稳定下来。接下来介绍能使情绪稳定的"3分钟正念呼吸法"。

此呼吸法的做法非常简单，主要是通过腹式呼吸缓慢地吸气，再缓慢地吐气。吐气的时候可以想象着将整个肺部的二氧化碳全都缓慢地吐出去，这一点非常关键。

如果不能立即将意识回到呼吸上去，那么就将这个呼吸法重复操作3分钟。通过实践3分钟正念呼吸法，可以使压力得到缓解，心情得到平静。

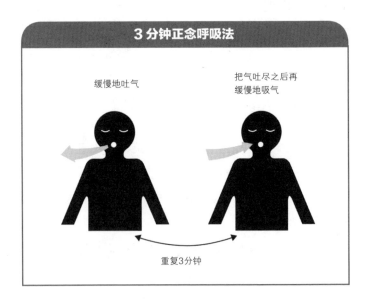

3 分钟正念呼吸法

缓慢地吐气

把气吐尽之后再
缓慢地吸气

重复3分钟

健康笔记

正念呼吸法还能够改变形象

　　进行正念呼吸的时候，情绪较稳定，与人交流能带给别人安全感，这能提高自己在对方心中的形象。

坐禅有助于释放5-羟色胺

关键点： 坐禅

坐禅——腹式呼吸和冥想的结合

能够促进释放5-羟色胺的行为有很多种，而无须花钱，只要下定决心就能简单做到的就是"坐禅"。虽说要坐禅，但并不需要开悟。只需要将注意力转移到呼吸和冥想上，谁都能做到。很多著名的人士了解到坐禅的效果之后，都进行了实践。

为什么坐禅能够激活5-羟色胺呢？有研究比较了坐禅之前和持续坐禅了3个月左右的人体内的5-羟色胺，发现坐禅之前的5-羟色胺的电波信号的频度很低，同时靶细胞接收的电波信号也微弱，人的状态很差，无精打采的；而连续坐禅3个月的人体内的5-羟色胺电波信号的传送变得旺盛，而且靶细胞也恢复了活力，不仅5-羟色胺到达了全身各部位，人也维持了坐禅后的清爽感。

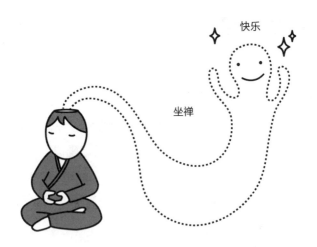

坐禅

快乐

健康笔记

如果目的是促进5-羟色胺分泌，那么可以半睁着眼坐禅

如果目的是为了促进5-羟色胺分泌，可以半睁着眼坐禅，因为这样脑电波α波很快；完全闭上眼的时候α波会变慢，而且犯困的时候无法促进5-羟色胺分泌。

初学者也能马上做到！
以促进5–羟色胺分泌为目的的坐禅方法

关键点： 坐禅的方法

创造适合坐禅的环境

并非到寺院才能坐禅，在家也能够轻易做到，所以，请一定试一试。坐禅同样需要注意调身、调息、调心等。但如果过于专注这些，那么呼吸就会变浅，不利于5–羟色胺的分泌。应该做基本动作，专注、反复地练习深呼吸，然后再放轻松。

为了能够集中注意力实现有效坐禅，要创造良好的环境。要保证有一个能够独处、安静、不会被打扰、能够坐下的空间。这时，漆黑一片和过于明亮的房间并不适合。可以坐在距离窗户、隔扇、拉纸门、墙壁等1米左右的位置，不要打开窗户，遇到严寒或酷暑的天气，可以使用空调来调节气温。只要脚和腰部周围是宽松的，什么材质的衣服都可以。柔道服或家居服也可以，不过要注意睡衣虽然可以放松身心但并不适合坐禅，另外不要选过紧的牛仔裤和紧身裙。如果戴了首饰和手表就取下来，准备坐垫。

　　有一点需要注意的是，有的身体状态不适合坐禅。一天当中什么时候都可以进行坐禅，但睡眠不足或是感染风寒的时候，以及空腹或者过饱的状态下不适合。要尽量避免在身体不适的时候坐禅。

第一次坐禅的准备

为了通过坐禅来促进5–羟色胺分泌，脚的摆放方式和手的放置方式，以及将注意力集中在腹式呼吸上这几点非常重要。可以慢慢地练习。

1 落座

坐在对折的坐垫上，两只手拿着右脚。然后将右脚跟抬到下腹部的位置，放到左大腿的上面。这是一个基础动作，左右反着来也是可以的。

将坐垫对折

2 交叉而坐

两脚以相同的角度交叉而坐。然后将两个膝盖贴在坐垫上。收下巴，伸展背部肌肉。

收下巴

如果觉得困难，也可以盘腿坐或端坐

伸展背部肌肉

3 拇指轻碰

将右手放在脚上，手掌向上，然后在手掌上放入左手背。两手大拇指的指尖轻轻触碰即可。

拇指和拇指轻轻触碰即可

4 半张着眼

所谓半张着眼，就是轻轻地张开眼，将视线落在前方90厘米左右的地方。如果眼睛完全闭上，α波的传播速度就会变慢，不利于促进5–羟色胺分泌。

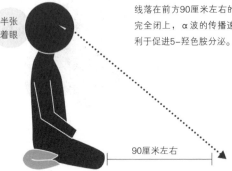

半张着眼

90厘米左右

5 冥想

深深地吐气，再自然地吸气，重复进行，让心情平静下来。保持5~30分钟。

腹式呼吸

在女性中流行的瑜伽，对于促进5-羟色胺分泌也具有非常出色的效果

关键点： 瑜伽

做10分钟左右的动作就可以轻松促使5-羟色胺分泌

从能够促使5-羟色胺分泌这一点来看，瑜伽是非常值得推荐的运动。很多初学者可能会认为瑜伽"要做很难的动作""身体不够柔软就不行"，但瑜伽重要的是身体的动作要和呼吸相结合，然后在大脑当中描绘动作的样子。被称为"三密"的动作、呼吸和意识的密切结合有助于促使5-羟色胺分泌，在瑜伽当中也同样重要。

顺便一提，一些高难度的动作可能会带来痛苦的感觉，这是身体发出的"做不了这个动作"的信号，不要勉强自己，如果有痛感，效果会不够好，因为让心情保持舒畅这一点也非常重要。

健身房等定期会有瑜伽的课程，很多地方也有瑜伽工作室。在瑜伽运动中体验深入的腹式呼吸的同时享受各项动作也是极好的。

 健康笔记

只看名字就感到开心的瑜伽动作

　　"太阳式""猫式"都是非常有名的瑜伽动作，还有"牛脸式""智者式""下犬式"等名字充满个性的动作。

快速手指瑜伽

普通的瑜伽需要特定的场所,而手指瑜伽在上班、上学的路上,或在泡澡的时候,不用选择场所且坐着就能做,大家可以把它作为一种消解压力的方式。

1

用一只手的手指抓住另一只手中指的第1个关节,上下扭转20次,扭转的同时吐气,想象着把体内的污浊全都吐干净。

上下扭转
20次

2

同样抓住中指的第2关节上下扭转20次;然后是第3关节(手指的根部),也做相同的动作。

上下扭转
20次

3

将中指的指尖往手背方向移动,然后慢慢左右旋转20次。

左右旋转
20次

4

将手背朝上放在大腿或是床上，从中指的根部往指尖来回摩擦10次，直到中指变热。

来回摩擦
10次

5

拿着中指的指尖，猛地向前拉伸，然后再猛地放开（以不感到疼痛为宜）。

拉手指

6

将手腕向前伸出，手掌朝上，从手腕下方拿着手指，连带着手腕一起向下弯3次。

弯3次

7

然后换另一只手重复1~6的动作。

坐着就能改善体寒！
在办公室也能做的"坐着踢脚"

关键点： **坐着踢脚**

"坐着踢脚"能够促进全身血液循环，加速新陈代谢

办公室里的人基本上都是坐着进行工作，脚寒和水肿等是较大的一种烦恼，如到了晚上脚就变得水肿，鞋子开始紧得让人受不了。相信很多人都有这样的体验。这个时候可以试一试"坐着踢脚"。

人类血管的总长度大约为10万千米，可以绕地球两周半。正是因为有血管，血液可以输送氧气和营养，以及运输二氧化碳和废弃物。一般情况下大部分血液都在支持躯体和大脑工作，而位于血管末梢的手脚就很容易变得冰凉。

踢脚可以对膝盖里侧的所有部位施加刺激，这既能够改善体寒，血流通畅度也能够改善，膝盖痛、腰痛和肩酸也能消除。此外因为使用到了臀部肌肉，所以也有助于改善便秘。"从合适的范围开始，首先促进血液在体内的循环"，抱着这样的想法，在工作当中可以试着做一做。

 健康笔记

休息时或者是在工作的空闲时动动手脚，促进血液循环

　　手脚都是身体的末端，除了坐着踢脚，还可以对手掌进行按摩，以及转动手腕等。有意识地活动手脚可有效促进血液循环。

消除水肿、改善血液循环的"腘窝揉捏法"

提高全身的体温，缓解水肿的脚

傍晚想穿长筒靴，但怎么也拉不上拉链，相信很多女性都有过这样的经历。消除这种水肿有一种简单轻松的方法，那就是"腘窝揉捏法"。

腘窝揉捏法非常简单，就是找到膝盖里侧的腘窝处的腘动脉，然后用手指强力按压，暂时阻断血液的流通，随后再猛地松开，此时动脉血就会势头旺盛地流向脚尖，远离心脏的部位的体温会有上升的倾向。重复这个动作可以促进血液循环。

动脉血的势头增加，继而体温上升，促进基础代谢，能量自然而然就开始"燃烧"。除此以外，不仅肩酸、体寒能够得以改善，而且也能明显看到高血压和便秘的改善。

腘窝揉捏法，一天5分钟左右即可，"按压"和"放松"进行10次左右。右撇子的人可以按照从左腿到右腿的顺序，左撇子的人可以按照从右腿到左腿的顺序进行。

腘窝揉捏法使体温升高

单位：℃

部位	揉捏前	揉捏后	揉捏前后之差
背部	34.7	35.2	+0.5
腰部	33.7	34.2	+0.5
大腿部	34.2	35.3	+1.1
下腿部	33.8	34.8	+1.0
脚尖	33.0	34.8	+1.8
手指	33.2	34.1	+0.9

注：数据来源于一项含8位试验对象的试验，取8人平均值。

健康笔记

腘窝揉捏法还能达到减肥的效果

　　腘窝揉捏法具有调整自主神经平衡的作用，所以能够促使体温升高，有利于促进排汗，带走体内代谢废物和毒素及多余的水分，消除水肿，而且还能达到"燃烧"脂肪的效果。

让人不再苦恼于眩晕和耳鸣，相扑中的"四股"具有意想不到的效果

关键点： 四股

平衡感失调会引发头痛、恶心等症状

头晕、耳鸣会使人非常痛苦，这些都与前庭小脑等部分相关。自主神经或者眼睛、腿脚获得的信息一般集中到前庭小脑，如果信息过多就会容易失衡，平衡感觉就会出现异样。喝酒后变得恍惚，就是因为前庭小脑被酒精影响，身体平衡感觉错乱，对部分事物的感知力丧失，引起头痛、发冷、出汗、恶心等不适症状。

有助于锻炼平衡感觉的方法为"四股"（即用力踏地）基本动作。脚尖朝前站立，然后两腿屈膝半蹲，保持上半身直立，一边吐气一边下降腰部，使重心在上下半身来回交换。同时保证上半身不要东倒西歪，也不要过度地弯曲膝盖。可将椅子放在背后，臀部触碰到椅子后就回到原处，以这种程度训练即可。

"四股"能够锻炼平衡感觉，还能够稳定下半身，提高身体的柔软度。可以试着以每天早上10次、晚上20次的标准进行训练。

 健康笔记

"四股"是一种非常理想的锻炼筋骨的方法

"四股"能够锻炼到深层肌肉，如腹肌、股四头肌、臀中肌、臀大肌等，具有提臀和塑形的效果。

雄激素能够让男人找回自信，"慢深蹲"的强大功效

关键点： 慢深蹲

雄激素减少会导致前列腺肥大、热情降低

对于中年期以后的男性来说，雄激素的减少不仅让其全身的血液循环变差，而且热情也会降低，很有可能会产生抑郁，干劲也大不如前。此外，还可能引起前列腺肥大，从而感到尿频和尿不尽。雄激素分泌减少会导致"中年肥"，也会增加脸上的皱纹，使人突然"大叔化"。

能够提升雄激素分泌的办法之一就是深蹲，深蹲后肌肉增加，身体会做出还能分泌雄激素的判断，就会向睾丸做出增产雄激素的指示。如果想让雄激素高效率分泌，就不要悠闲地去锻炼，而是要一点一点地做刺激性训练，此外，要尽可能地使用体内的大块肌肉和各种关节，而能够很好地满足这些条件的运动就是"慢深蹲"。

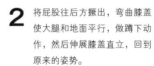

每天坚持就会效果显著的"慢深蹲"

1 两脚以大于肩宽的幅度敞开，然后伸展背部肌肉，挺直胸站立。

2 将屁股往后方撅出，弯曲膝盖使大腿和地面平行，做蹲下动作，然后伸展膝盖直立，回到原来的姿势。

一天做10次，每次5下。

健康笔记

通过轻晃脚腕使副交感神经处于优势地位

　　为了发挥副交感神经的优势，可以选择仰卧，然后同时将左右脚腕往前侧、后侧、内侧、外侧倒下，做"轻晃脚腕"的体操。摆动脚腕带来的震动传递到脊背和大腿关节，能够刺激副交感神经。

捋一捋就能够提高免疫力，改善体寒，刺激"第二大脑"——手指的好处

关键点： 第二大脑

通过捋手指来刺激副交感神经能够提高免疫力

手指被称为"第二大脑"，具有平衡控制心脏和血管活动的自主神经的功能，比如仅仅通过拉手指、转动手指这两个动作就可以刺激副交感神经，提高免疫力。

这里要介绍的是"十指交叉放松法"，该方法既高效又简单，而且还能提高免疫力。具体做法：交叉两手手指，重合手指分叉处再离开。刺激手指的分叉部位能够很好地抑制交感神经活跃，刺激副交感神经活跃，全身的血液循环改善，继而提高免疫力。

十指交叉放松法不论何时何地都能做，当感到身体不适的时候，不妨试试这个放松方式。

刺激副交感神经的"十指交叉放松法"

1 保持身体放松，张开两手手指，向前伸。

2 重复重合、分离手指分叉处的动作。

20次1组，每天做2组。

健康笔记

刺激穴位，缓解肩酸

离喉头左右1.5厘米远的位置，分别有1个穴位，称为"人迎"。从上往下用手指搓这里可以促进新陈代谢，使体温升高。苦恼于肩酸的人可以尝试。

仅靠揉搓就能排便顺畅?
有助于缓解便秘的"搓背"

关键点: 搓背

只要调节好自主神经，便秘也不可怕了

根据日本厚生劳动省公布的《平成二十八年的国民生活基本调查概况》，每1 000人当中就有男性约24人、女性约46人苦恼于便秘，女性所占的比重非常大。65岁以上的人群当中，每1 000人中男性大概有65人，女性大概有80人苦恼于便秘，而且年龄越高，女性便秘人数就越多。其中还有依赖于药物的群体，便秘成为阻碍舒适生活的一大主要原因。

便秘的原因虽然有很多，例如饮食生活不规律、运动不足等，但也有很多人主要受神经系统功能失调的影响。自主神经控制血管和内脏功能，其中的一个功能就是排便。自主神经功能紊乱的时候大肠的蠕动无法正常进行，即便用力排便，粪便也只有一小点儿，甚至还有人连便意都感觉不到。

受自主神经的影响，一般来说，很多便秘的人的背部都很僵硬。自主神经从脊柱中间的狭小缝隙中向外延伸，脊柱过于僵硬会对神经造成不好的影响。"搓背"是

使硬邦邦的脊柱变得柔软的方法。搓一搓能马上感觉到大肠蠕动的感觉，很多人都会产生便意。

解决便秘的"搓背"

1 坐到椅子或床上轻握左手转到后背，将拳头放在背上。尽可能地从背部上方开始到尾椎骨的下方揉搓，这样轻轻地搓上10秒。

用左手和右手各来回3遍

背部

2 从鼻子大口吸气，再从嘴巴大口呼气。突然闭气，腹肌用力坚持10秒。

将这两个动作各做3次以上为1组，每天做2组。

健康笔记

瑜伽当中的"下犬式"动作能有效缓解便秘！

脸朝下趴在地上后拱起下半身的"下犬式"动作对自主神经等能够起到调节作用，不仅能够缓解便秘，而且还对缓解压力性腹泻、过敏及抑制过盛的食欲都有效果。

通过"圆形按摩"改善便秘，恢复肠道原有的功能

关键点： 圆形按摩

饭后两小时做圆形按摩，帮助肠胃恢复活力

便秘的原因在于自主神经功能紊乱，但更多的是运动不足引起的腹肌无力，无法通过自身的力量排出大便，还有直肠的反应能力变弱的例子也有很多，这些都被统称为肠道动力不足，而仅仅依赖治疗便秘的药物并不能解决便秘问题。缓解这种情况，首先可以用自身的力量帮助肠道找回原本拥有的动力，"圆形按摩"的疗效就不错。

"圆形按摩"即躺在床上以肚脐为中心揉一揉肚子，在肚脐的周围画圆。这样的按摩方法在饭后两小时左右进行最好，因为刚吃饱饭，肠道需要消化吸收，血液都集中在肠胃，立即就做"圆形按摩"会扰乱肠胃的平衡。空腹的时候做"圆形按摩"则可能会导致恶心、呕吐，所以还是避开比较好，此外孕妇或者是肠胃有问题的人不可以这样做。

按摩前食用酸奶和纤维含量较多的食品等有助于缓解便秘的食物，效果会更加显著。

使肠胃功能明显改善的"圆形按摩"

1 躺下来，以肚脐为中心，两手抱着腹部，然后双手从上往下边按边揉。

2 站立，用手指在肚脐的周围画直径10厘米左右的圆，边画边进行按摩。

3 用手掌慢慢地在整个下腹部画一个直径为20厘米的圆，边画边进行按摩，将这个动作持续1~2分钟。

健康笔记

"胸十字训练"改善胸、颈压力

胸椎（脊柱上在胸部的部分）和颈椎（位于脖颈的部分脊柱）受到压力的时候会弯曲。此时可以将注意力集中在胸部正中间，张开双臂，旋转、伸展胳膊。

刺激被称为"全身的缩影"的耳朵上的穴位，能够治疗多种疾病

关键点： 按压耳朵上的穴位

能够轻松触及，还能发挥超群效果的穴位

耳朵被称为"全身的缩影"，是与脏器和体内各部位相连的穴位集中的场所。日本医学重视的"经络（生命能量通过的道路）"中有12根经过耳朵及其周围，并且有100多个穴位在耳朵上。耳朵穴位相关的历史非常久远，大约在2 000年前中国的医学书上就有记载。下文将介绍如何通过耳朵穴位来改善自主神经功能失调的各种症状，比如失眠症、头晕、心悸、呼吸障碍、压力带来的急躁等。

按压耳朵穴位的注意事项在于，一定要用温热的手进行。用冰凉的手进行穴位刺激的时候效果会减半，特别冷的时候，可以两手交叉互搓，等手温热了之后再进行穴位刺激。

压力

 健康笔记

刺激耳朵穴位的便利工具

刺激耳朵穴位的时候不仅可以用手，也可以使用牙签的头部（圆钝一头）和发夹等工具。找不到穴位的时候，可以适当扩大范围，直到找到疼痛的点即可。

"刺激耳朵穴位"的
自我治疗法

对头晕有效的穴位

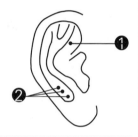

❶ 肾

位于耳朵上部"Y"字形软骨
的正下方。

刺激的方法

用食指边按边揉2分钟即可，
能够改善血气瘀滞。

❷ 脑干、晕点、脑点（从
上到下）

耳垂上稍微鼓起部位的上边缘。

刺激的方法

用食指和拇指按捏聚集了3个
穴位的鼓起部位，同时按压揉
捏这3个穴位1~2分钟。

治疗失眠的穴位

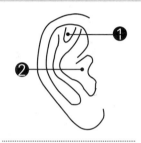

❶ 神门

位于耳朵上方"Y"字形软骨
中间的凹陷处。

刺激的方法

用食指指尖以舒服的力道按压
揉捏1~2分钟。

这个穴位有助于缓解头晕、心
悸、气喘、急躁等，具有多重
功效。

❷ 心

大致位于耳朵下方凹陷处的正
中央。

刺激的方法

用食指指尖以舒服的力道按压
揉捏1~2分钟。

也有助于缓解心悸和气喘。

耳朵上布满了100多个穴位，刺激耳朵上的穴位能够治疗自主神经功能失调的多种症状，可以在通勤路上或办公室里用来解乏，不管在哪里都能轻松做到，大家不妨一试。

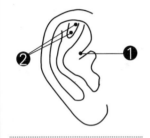

缓解急躁（压力）的穴位

❶ 胃
位于耳朵凹陷处中间附近的横向肌肉（耳轮脚）的根部。
刺激的方法
用食指以舒服的力道按压揉捏1~2分钟。

❷ 交感、神门（从上到下）
刺激的方法
将食指放在耳朵上部的Y字形软骨的凹陷处，用指尖从神门向交感的方向移动，按压揉捏1~2分钟。

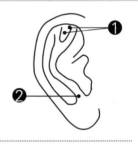

缓解心悸、气喘的穴位

❶ 交感、神门（从上到下）
刺激的方法
同时刺激交感和神门两个穴位。将食指放在耳朵的穴位上，用指尖从神门向交感的方向边移动边按压揉捏1~2分钟。

皮质下（里侧）
位于耳垂上软骨的里侧。
❷ 刺激的方法
用食指和拇指揉捏皮质下的鼓起部位，从有穴位的里侧开始按压揉捏1~2分钟，放松肌肉。

在上厕所时按压这些穴位能够迅速地排便

关键点： 促进肠道蠕动的穴位

掌握这个方法能够增强便意

便秘时可能怎么也不会产生便意，此时可以试着刺激能够改善便秘的穴位。这个穴位一个人也能按，所以可以试着在厕所里按一按。当然，在日常生活中按一按也有助于预防便秘。

第一个穴位是"合谷"，位于拇指和食指的指骨分叉根部，可以用手背侧边进行刺激。按的时候会有痛感，可以左右交叉按压。第二穴位是"三阴交"，位于腿的内侧，从脚踝往上4根手指的位置，在小腿骨一旁，可像抓小腿一般用拇指肚进行刺激。第三个穴位是"足三里"，位于从膝盖骨往下4根手指的位置，在小腿骨外侧的凹陷处，可像抓捏腿肚一般用拇指进行刺激。后两个穴位能够调整肠胃功能，改善胀气。

这些穴位一次按捏3分钟左右即可。在厕所想排便但感觉"还差一点儿"的时候一定要试着按捏这3个穴位。

对便秘有效的三大穴位

合谷
位于拇指和食指指骨分叉根部，可以两只手交互刺激。

足三里
位于从膝盖骨往下4根手指的小腿骨外侧的凹陷处。

三阴交
位于从内脚踝往上4根手指的小腿骨的旁边。

健康笔记

暖宝宝疗法，和针灸具有相同效果！

在穴位上贴暖宝宝1~2周（失效后就换新的）使症状消失的方法就是暖宝宝疗法，其具有不用思考穴位的精确位置的优点。注意不是将暖宝宝直接贴在皮肤上，而是贴在护膝、袜子、手套等衣物的上面。